KB017455

이런 화학이라면 포기하지 않을 텐데

주기율표, 밀도, 이온, 화학 반응식이
술술 풀리는 숀쌤의 친절한 화학 수업

이런 화학이라면 포기하지 않을 텐데

김소환 지음

보누스

화학과 케미를 만들어 볼래?

화학이라는 말을 들으면 뭐가 가장 먼저 떠오르니? 비커나 플라스크 같은 실험 기구가 생각나기도 하고, 어려운 원소 기호들이 떠오르기도 할 거야. 화학이란 될 화(化)에 배울 학(學)이 합쳐진 말로, 전혀 다른 물질이 만나서 새로운 뭔가가 '되게 만드는' 학문이라는 뜻이야. 그래서 오래전 연금술사들은 금을 만들려고 이것저것을 섞어보기도 했어.

화학을 영어로는 chemistry(케미스트리)라고 하지. 사람과 사람 사이의 끌림이나 어울림을 뜻하는 '케미'의 어원이기도 해. 전혀 다른 물질이 만나 아름다운 새 물질을 만들듯이, 사람도 처음 만나는 사람과의 끌림과 반응이 좋아야 만남을 이어갈 수 있다는 뜻에서 만들어진 말일 거야.

이 유래처럼 '케미'의 의미는 화학 반응과 매우 밀접한 관련이 있어. 화학 반응도 그냥 무작위로 아무렇게나 일어나는 게 아니거든. 아무 물질이나 섞는다고 반응이 일어나지는 않아. 반응할 수 있는 물질들끼리 만나야만 화학 반응이 일어나는 거야. 마치 우리가 만나는 모든 사람과 '케미'가 생기지 않듯이 말이야.

우리 몸을 구성하는 기본 성분은 뭘까? 몸뿐만 아니라 우주와 세상을 구성하는 모든 물질의 기본 성분은 바로 '원자'야. 원자는 매우 작아서 우리 눈으로 볼 수 없지만, 원자의 특성을 이해하면 원자가 이루고 있는 물질의 특성을 이해할 수 있고, 나아가 우리가 사는 세계를 이해할 수 있어. 가장 작은 세계인 원자를 이해하는 순간 지구와 우주 같은 거시적 세계까지 저절로 이해가 되는 것이지. 이 얼마나 아름답고 흥미로운 학문이야!

이 책에서는 화학의 핵심 개념과 화학에 관한 전반적인 기초 지식을 다루고, 화학 중에서도 애매하게 알고 있거나 특히 어려운 개념들을 쉽게 알려주려 노력했어. 화학에 조금이라도 관심이 있는 중고등학생은 물론 성인들에게도 많은 도움이 될 거야. 어렵고 복잡하게 꼬인 내용을 최대한 쉽게 풀었으니 겁먹을 필요는 전혀 없어. 책을 펼치는 순간부터 재미있는 화학이 여러분을 반겨줄 거야.

자, 이제부터 나와 여러분을, 나아가 가장 작은 세계와 가장 큰 세계를 이어줄 화학의 세계로 떠나볼까?

김소환

차례

2장 이온

안정적인 원자 만들기

3장 주기율표

화학의 보물 지도

4장 물질의 상태

딱딱하거나, 흐르거나, 퍼지거나

5장 혼합물 이야기

섞고 섞이는 것들의 비밀

6장 화학 반응

원소의 화려한 마술 쇼

7장 산과 염기, 유기물과 무기물

이상하고 아름다운 원소의 성질

1장

원자와 분자

우주를 만든 알갱이들

물질은 무엇으로 이루어져 있을까

원자

어떤 물질을 계속 쪼개고 쪼개면 마지막에는 무엇이 남을까? 물질을 이루는 기본 물질은 과연 존재할까? 인간은 오래전부터 이 근원적인 물음의 해답을 찾으려 부단히 노력해 왔어. 그 결과 물질을 이루는 쪼갤 수 없는 입자를 찾아냈고, 그 입자에 '원자'라는 이름을 붙였어.

원자는 무엇으로 이루어져 있을까? 마치 우주의 태양계처럼, 원자의 중심에는 원자핵이 있고 그 주위를 도는 전자가 있어.

원자핵은 (+) 전하를 띤 '양성자'와 전하를 띠지 않은 '중성자'로 이루어져 있어. 원자 전체 질량의 대부분은 바로 이 양성자와 중성자가 차지하고 있지. 전자는 (−) 전하를 띠는 입자로, 질량은 매우 작지만 화학 반응과 결합에 직접 관여하기 때문에 매우 중요한 입자라고 할 수 있어.

놀라운 사실은 원자의 질량 대부분을 차지할 정도로 무거운 원자핵의 크기가 엄청나게 작다는 사실이야. 과학자들이 매우 작은 입자들을 원

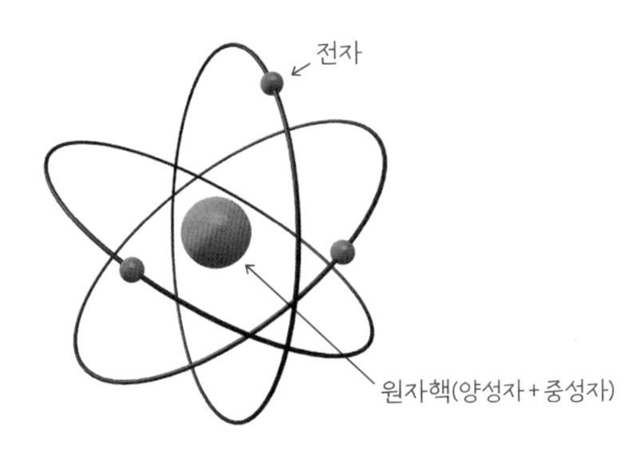

자에 총알처럼 쏴 보았는데, 거의 모든 입자가 원자 사이를 그냥 통과해 버리는 거야. 이 실험으로 원자 안은 거의 텅 비었다는 것을 알게 되었어. 원자도 매우 작지만, 그 안에 있는 원자핵은 원자에 비해서 훨씬 더 작다는 사실은 매우 흥미롭고 놀라운 사실이었어. 실험의 자세한 내용은 50쪽에서 다시 알아볼 거야.

정리하면, 원자 질량 대부분은 원자 안에서 매우 작은 크기만을 차지하는 원자핵에 집중되어 있어. 한편 그보다 크기도 질량도 훨씬 작은 전자는 원자의 빈 공간 속을 매우 빠른 속도로 불규칙하게 날아다니고 있는 거야.

'원소'라는 말도 들어봤을 거야. 원자와 원소의 차이는 뭘까? 원자는 '물질을 구성하는 기본 입자'를 말하는 것으로 입자 그 자체에 초점을 맞춘 개념이라면, 원소는 '물질의 기본 성분'을 뜻하는 것으로 원자의 종류를 의미한다고 생각하면 돼.

잘 이해가 되지 않는다면 예를 들어볼게. 주머니 속에 연필 2개, 지우

원자, 분자, 원소

모형	H O H	O C O
분자 이름	물(H_2O)	이산화 탄소(CO_2)
원자 수(입자 수)	3개(수소 2개, 산소 1개)	3개(탄소 1개, 산소 2개)
원소 수(종류)	2개(2종류: 수소, 산소)	2개(2종류: 탄소, 산소)

개 3개가 들어 있다고 생각해 봐. 주머니 속에 들어 있는 물건은 모두 몇 개일까? 연필 2개, 지우개 3개가 들어 있으니 물건은 모두 5개가 들어가 있어. 그렇다면 주머니 속에는 물건이 몇 종류나 있을까? 연필과 지우개, 2가지 종류가 있지. 이처럼 개수와 종류는 의미가 달라. 여기서 개수를 의미하는 것이 '원자', 종류를 의미하는 것이 '원소'라고 생각하면 되는 거야.

그렇다면 물 분자 H_2O는 원자 몇 개, 원소 몇 개로 이루어져 있을까? 물 분자는 수소(H) 원자 2개와 산소(O) 원자 1개, 총 3개의 원자로 이루어져 있어. 한편 원소는 원자의 종류이므로 수소(H)와 산소(O), 2개의 원소로 이루어진 것이지. 이제 원자는 입자의 개수를, 원소는 입자의 종류를 뜻한다는 말이 무슨 의미인지 확실히 알겠지?

원자와 원자핵, 전자의 크기 비교

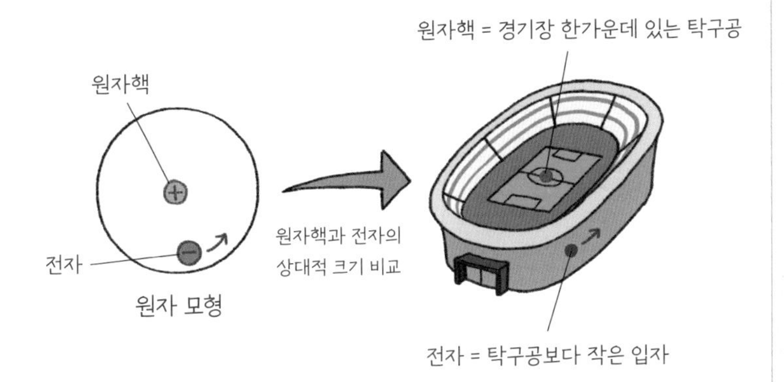

원자의 구조

원자의 중심에 원자핵이 있고, 원자핵은 (+) 전하를 띠는 양성자와 전하를 띠지 않는 중성자로 이루어져 있어. 전자는 (–) 전하를 띠며 원자핵 주위를 돌고 있지.

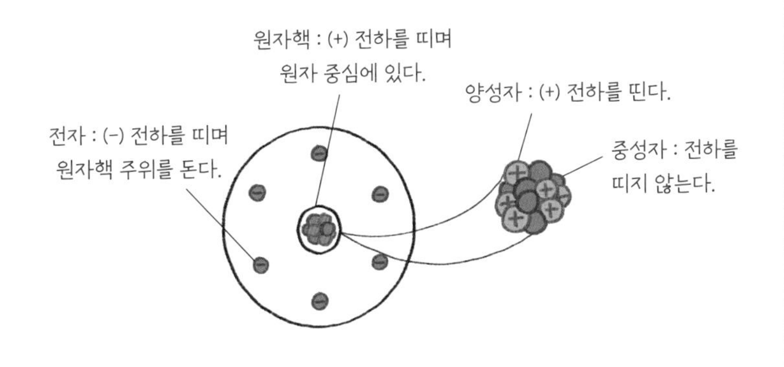

수소 대신 H라고 불러주세요

원소 기호

누군가의 이름을 기억한다는 건 그 사람에게 관심이 있다는 첫 번째 증거야. 앞서 설명했듯이 원자의 종류를 원소라고 하는데, 점점 많은 원소가 발견되면서 화학자들은 이 '관심 있는' 원소 모두에게 이름을 만들어 주려고 했어. 이름과 함께 간단한 기호를 붙여 전 세계 사람들이 함께 원소를 이야기할 수 있도록 만들었지. 이것을 원소 기호라고 해.

처음에는 원소 기호를 라틴어에서 가져왔지만, 최근에는 독일어나 영어에서 따온 문자로 원소 기호를 표현해. 원소 기호를 붙일 때 지켜야 할 규칙은 간단해. 첫 글자는 영어 대문자로 쓰고, 두 번째 글자가 있다면 소문자로 써야 해.

예를 들어 수소의 원소 기호는 Hydrogen(하이드로젠)에서 앞글자를 따온 H이고, 헬륨의 원소 기호는 Helium(헬륨)에서 가져온 He로 나타내. 같은 방법으로 탄소는 Carbon(카본)의 앞글자를 따와 C라고 표현하

● **원소 기호의 변천**

	황	금	은	구리
연금술사	🜍	☉	☽	♀
⇓ 돌턴	⊕	Ⓖ	Ⓢ	Ⓒ
⇓ 현대	S	Au	Ag	Cu

고, 산소는 Oxygen(옥시즌)의 앞글자를 딴 O가 원소 기호가 돼.

원자에는 기호와 함께 번호를 붙였는데 이 번호는 원자 번호라고 해. 원자 번호는 그 원자가 가진 양성자의 개수야. 예를 들어 원자 번호 1번인 수소(H)는 원자핵에 양성자가 1개 있다는 뜻이고, 2번인 헬륨(He)은 양성자가 2개야.

이렇게 양성자의 수에 따라 원자의 종류가 달라지고 원자의 번호도 정해지는 것이지. 이런 식으로 원자 번호와 원소 기호를 정했고, 현재까지 알려진 약 110여 종의 원소들에 번호와 이름을 붙였어.

이제 우리는 원소 기호로 전 세계 사람과 이야기를 나누고 함께 연구할 수 있게 되었어. 초기 연금술사들과 돌턴이라는 학자는 그림을 주로 활용했지만, 원소의 수가 많아지면서 현재는 문자로 된 기호를 세계 공통으로 사용하고 있어.

혼자보다 둘이 좋아

분자

앞에서 물질을 구성하는 가장 작은 입자를 원자라고 했지. 물질을 쪼개고 쪼개다가 이제 더는 쪼갤 수 없는 입자가 생기면 그것이 곧 원자야. 하지만 원자는 크기에만 초점을 맞췄을 뿐, 성질에 따라 분류한 것은 아니야. 단순히 더는 쪼개지지 않고 마지막에 남는 물질을 원자라고 말할 뿐이지.

그런데 이런 원자들이 모여 특정한 성질을 갖게 되면 우리는 그것을 분자라고 불러. 다시 말해, 어떤 원자가 어떻게 결합했는지에 따라 분자의 종류와 성질이 달라지는 거야.

우리가 숨을 쉴 때 꼭 필요한 산소는 산소 원자(O) 2개가 결합해서 만들어진 산소 분자(O_2)야. 산소 원자 하나만으로는 우리가 알고 있는 산소의 성질을 띠지 못해. 수소 분자(H_2) 역시 수소 원자 2개가 결합해서 만들어지고, 질소 분자(N_2)도 질소 원자 2개가 결합해야 비로소 수소, 질

● 다양한 분자

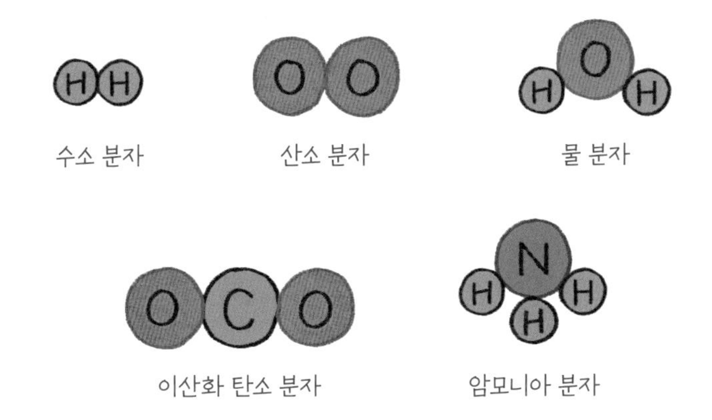

소의 성질을 갖게 되는 거야. 이처럼 우리가 아는 물질 대부분은 원자가 결합해서 만들어진 '분자'로 이루어진다고 생각하면 돼. 원자는 '물질을 이루는 가장 작은 입자'이고, 분자는 '물질의 성질을 지닌 가장 작은 입자' 라고 하는 이유는 이 때문이야.

또 다른 예를 들어볼게. 물 분자는 물의 성질을 갖는 가장 작은 입자로 수소 원자 2개와 산소 원자 1개가 결합해 만들어진 분자야. 이 말은 물의 성질을 나타내는 가장 작은 입자가 되려면 반드시 수소 원자 2개와 산소 원자 1개가 만나 H_2O라는 분자 하나가 만들어져야 한다는 뜻이야.

우리가 보고 마시는 물은 수소 원자 2개와 산소 원자 1개를 결합한 물 '분자'가 하나하나 모여 만들어진 형태인 것이지. 이 밖에도 세상에는 이산화 탄소(CO_2)나 암모니아(NH_3) 같은 분자가 수없이 존재해.

그런데 어떤 원자는 화학적 결합을 하지 않아도 그 자체로 화학적 성질이 있어서 원자 자체가 곧 분자가 되기도 해. 헬륨(He), 네온(Ne), 아르곤(Ar) 등이 대표적인 예야.

원자 대부분은 불안정한 상태여서(불안정성이 크다고 해.) 주변의 다른 원자와 결합해 안정화되려는 경향이 있어. 하지만 이 원자들은 혼자서도 안정적인 상태이기 때문에 화학 결합 없이 혼자서도 분자가 될 수 있어.

이렇듯 우리 주변에 있는 물질들은 기본 성분인 원자로 이루어져 있지만, 원자는 혼자 존재하기보다는 다른 원자와 결합한 상태로 존재해. 그 덕분에 엄청나게 많은 분자가 우주를 구성하는 모든 물질들을 만들어 낼 수 있는 거야.

과자 반 질소 반?

오랜만에 들뜬 마음으로 과자를 사서 맛있게 먹으려고 과자 봉지를 뜯는 순간, 헉! 이건 완전히 '과자 반, 질소 반'인 거야. '과자가 더 많아야 하는데….'라며 아쉬워할 수도 있겠지만, 과자 봉지에 질소가 들어가 있는 이유는 생각보다 과학적이야.

우선 봉지 속 과자를 보호하기 위한 목적이 가장 커. 기체는 공간을 꽉 채우면서 자유롭게 운동하는 입자들로 이루어져 있거든. 과자 봉지에 기체를 넣으면 봉지 안 공간을 기체 입자들이 자유롭게 이동하면서 봉지를 꽉 채우지. 그렇게 '빵빵해진' 과자 봉지 덕분에 맛있는 과자가 부서지지 않을 수 있어.

그럼 왜 하필 질소일까? 산소를 넣으면 안 될까? 이것도 이유가 있어. 질소는 다른 물질과 반응하는 성질이 거의 없는 기체야. 물론 과자를 만나도 반응하지 않지. 그래서 봉지 속에 질소를 채워 넣어도 과자의 맛이 변하지 않아. 만약 질소 대신 산소를 넣는다면 과자를 구성하는 성분들이 산소와 쉽게 반응해서 맛과 형태가 변해버릴 거야. 이런 특성 덕분에 질소는 과자 봉지 말고도 냉동 인간, 정자나 난자의 냉동 보관 등 여러 실험이나 의학 분야에서 널리 쓰이고 있어.

원자가 짝을 찾는 방법

공유 결합

앞서 설명했듯이 물질을 이루는 가장 작은 입자는 원자야. 분자는 이런 원자들이 결합해 만들어진, '성질을 갖는' 가장 작은 입자를 말해. 그렇다면 원자는 무슨 이유로, 그리고 어떤 과정으로 분자가 되는 걸까?

원자는 전자가 이루는 여러 껍질로 둘러싸여 있어. 그중에서도 가장 바깥쪽 껍질에 있는 전자를 '원자가 전자'라고 하는데, 바로 이 전자들이 화학 결합에 참여해. 분자가 만들어지는 과정은 '원자의 안정성'과 '원자가 전자의 공유'에 달려 있어. 원자 대부분은 원자가 전자를 8개로 만들고 싶어 해.(수소는 예외적으로 2개) 그래야 에너지적으로 안정화되기 때문이야.

그러나 원자 혼자서는 전자 수를 늘릴 수가 없어. 그래서 원자들은 다른 원자와 서로 전자를 공유해 전자 수 8개를 맞추려고 하는데, 이렇게 전자를 공유하면서 이어지는 결합을 공유 결합이라고 해. 공유 결합은 화

● 수소 분자의 형성

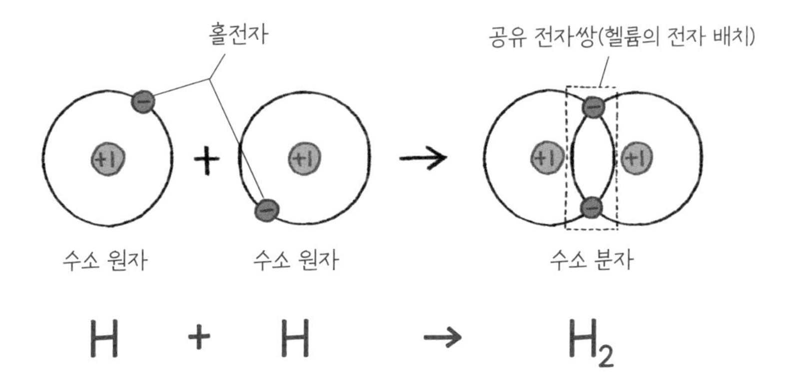

학 결합을 하는 여러 방법 중 하나야. 원자들은 공유 결합을 거쳐 분자가 되고, 결합하는 원자들의 종류나 배열에 따라 새로운 분자들이 만들어지기도 해.

한 가지 예를 들어볼게. 수소 분자는 수소 원자 2개로 이루어져 있어. 수소 원자는 원자가 전자를 1개만 가지고 있어서 에너지적으로 매우 불안정해. 수소 원자는 2개의 전자를 가진 배치가 될 때 비로소 안정화돼.

따라서 수소 원자는 원자끼리 서로 전자를 공유해 2개의 안정적인 전자 배치를 만들려고 하지. 이렇게 전자 1개를 공유하면, 두 수소 원자는 각각 2개의 전자를 가진 것과 마찬가지이므로 에너지적으로 안정된 전자 배치를 이룰 수 있어. 이러한 공유 결합 과정을 거쳐 수소 분자가 만들어지는 거야. 헬륨은 원자 하나만으로 이미 전자 2개를 가진 안정적인 형태야. 그래서 이와 같은 형태를 '헬륨의 전자 배치'라고 해.

연필심으로 다이아몬드 만들기

다이아몬드는 지구에서 가장 단단한 물체로, 아름다운 빛을 내기 때문에 보석 같은 귀중품으로 많이 쓰이고 있어. 그런데, 새까만 연필심으로 다이아몬드를 만들 수 있다는 주장이 있어. 이 말은 과연 사실일까?

놀랍게도 가능해! 흑연과 다이아몬드는 모두 탄소(C) 원자로만 이루어진 물질이야. 그런데 왜 하나는 흑연이 되었고 다른 하나는 다이아몬드가 되었을까? 그 이유는 물질의 성질을 나타내는 것이 원자가 아닌 '분자'이기 때문이야. 같은 원자라도 결합한 모습이 다르면 다른 분자가 될 수 있어.

흑연은 탄소로 결합한 고리가 위로 여러 겹 쌓인 구조로 구성되어 있어. 이 구조에서는 겹겹이 쌓인 탄소 고리들이 쉽게 떨어져 나올 수 있고, 그것이 가루가 되어 종이에 붙기 때문에 글씨를 쓸 수 있는 거야. 반면 다이아몬드는 정사면체 구조로 연결된 탄소가 그물처럼 단단하게 결합된 구조야. 그래서 매우 단단하고 빛이 통과할 때 아름다운 빛깔을 띠지.

실제로 요즘에는 흑연에 인공적으로 높은 열과 압력을 가해서 인조 다이아몬드를 만들고 있어. 인조 다이아몬드는 품질이 좀 떨어지기 때문에 공업용으로만 쓰지만, 언젠가는 연필심으로 만든 다이아몬드도 진짜 다이아몬드와 구별할 수 없을 정도가 될지도 몰라.

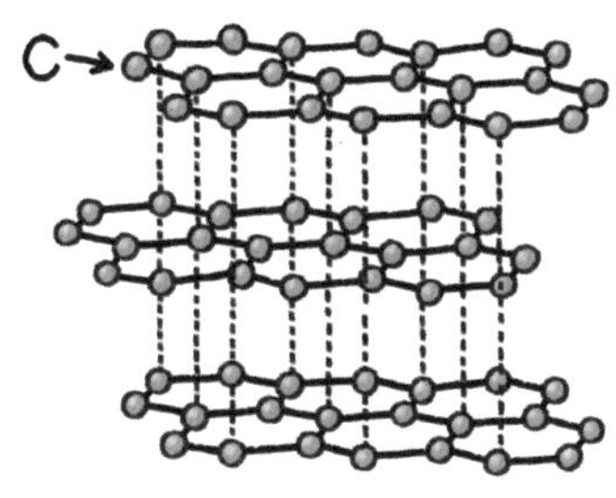

흑연

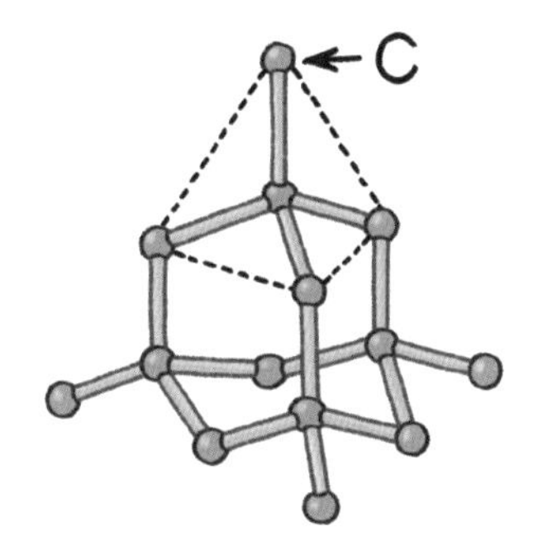

다이아몬드

루이스 선생님이 알려주는 화학식

루이스 구조식

원자의 마지막 전자껍질에 있는 '원자가 전자'를 원소 기호 주위에 점으로 나타낸 식을 루이스 전자점식이라고 해. 미국의 물리학자이자 화학자인 루이스가 최초로 제안해서 그의 이름을 딴 것이지.

아래 표처럼 원소 기호 주위에 전자를 점으로 찍어 표시하는데, 처음 전자 4개까지는 상하좌우에 하나씩 점을 찍고 다섯 번째 전자부터는 쌍으로 나타내. 이때 쌍을 이루지 않은 것을 홀전자라고 하고, 쌍을 이루는 것은 전자쌍이라고 해.

족 / 주기	1	2	13	14	15	16	17	18
1	H·							·He·
2	Li·	·Be·	·Ḃ·	·Ċ·	·N̈·	:Ö·	:F̈·	:N̈e:
3	Na·	·Mg·	·Ȧi·	·Ṡi·	·P̈·	:S̈·	:C̈l·	:Är:

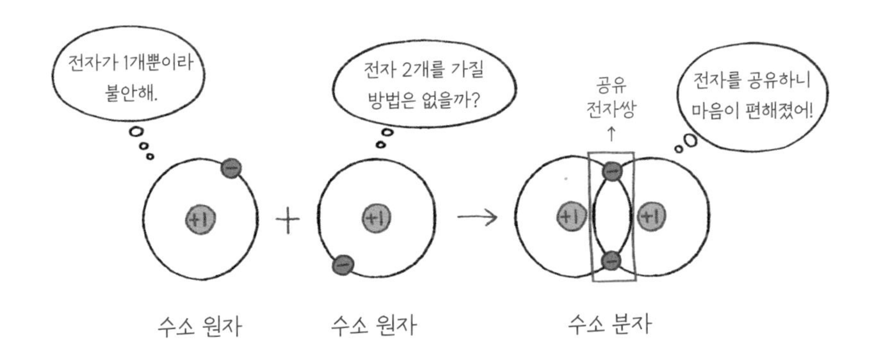

원자가 화학 결합을 할 때는 규칙이 있어. 각 주기에 있는 원자들은 '18족 원자의 전자 배치'가 되어야 한다는 거야. 18족 원자란 마지막 전자껍질에 빈 곳 없이 전자가 꽉 찬 원자인데, 지금은 에너지적으로 매우 안정된 상태에 있는 원자라고만 이해해도 돼. 즉 다른 원자들 역시 에너지적으로 안정된 상태를 이루기 위해 18족의 전자 배치가 되고 싶어 하고, 이 배치를 이루려고 전자를 공유하거나 주고받으면서 화학 결합을 하는 거야. 예를 들어 수소 원자는 홀전자가 1개씩 있어. 이들은 안정화되기 위해 서로의 전자를 공유하고 결합해 분자가 돼.

물 분자는 산소 원자 1개와 수소 원자 2개로 이루어져 있어. 산소 원자 주변에는 원자가 전자가 6개 있어. 수소 원자는 원자가 전자가 1개 있지. 산소는 8개의 전자를 가져야 안정화되고, 수소는 2개의 전자를 가져야 안정화돼. 이렇게 서로 마음이 통한 산소와 수소는 각각의 전자를 한 개씩 공유하면 결합이 이루어지고 안정된 상태가 되면서 물 분자 H_2O가 만들어지는 거야. 이것을 '옥텟 규칙'이라고 해.

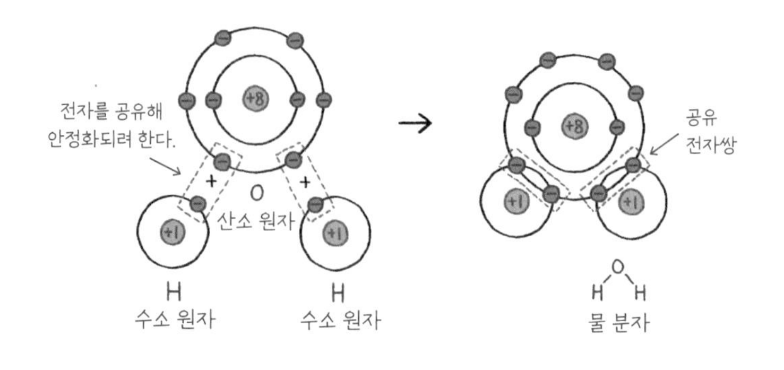

옥텟 규칙 ⇒ 산소 주위에 원자가 전자 8개, 수소 주위에 원자가 전자 2개를 갖게 되어 안정화된다.

이렇게 공유한 전자가 쌍을 이루는 것을 공유 전자쌍이라고 해. 공유 전자쌍은 결합이 이루어진 상태라서 점을 찍지 않고 선(—)으로 간단하게 표현하기도 하는데, 이것이 루이스 구조식이야. 루이스 구조식은 루이스 전자점식을 더 간편하게 표현하려고 만든 거야. 물론 원자가 공유하지 않은 전자쌍을 갖고 있을 수도 있어. 그건 비공유 전자쌍이라고 해. 루이스 구조식에서는 비공유 전자쌍을 생략해서 그리곤 하지.

- **루이스 전자점식과 루이스 구조식**

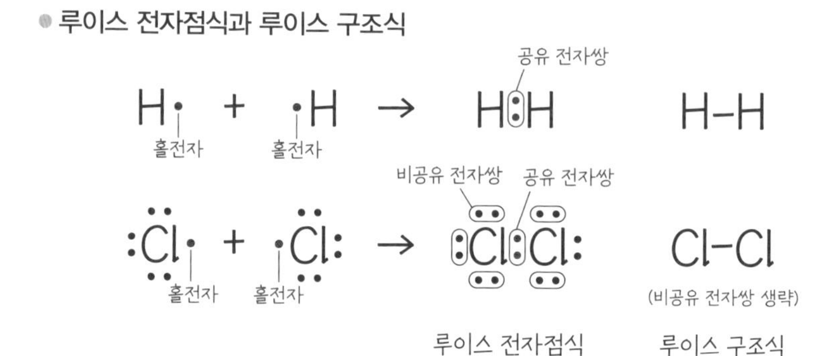

산소야, 전자 몇 개 필요해?

다중 결합

두 원자가 전자쌍을 1개씩 공유해서 이루어진 결합을 단일 결합이라고 해. 전자쌍을 2개씩 공유하면 이중 결합, 전자쌍을 3개씩 공유하면 삼중 결합이라고 부르지. 이중 결합과 삼중 결합처럼 단일 결합이 아닌 것은 다중 결합이라고 불러. 다중 결합이 생기는 이유 역시 단일 결합과 마찬가지로 안정적인 원자를 만들기 위해서야.

두 산소(O) 원자가 만나서 산소 분자(O_2)를 만드는 과정을 살펴볼게. 한 산소 원자는 처음에 6개의 '원자가 전자'를 갖고 있어. 전자를 1개씩만 공유해 결합이 이루어지면, 각 산소 원자 주변에는 전자가 7개밖에 없어 옥텟 규칙을 만족하지 못하지. 따라서 결합도 이루어지지 않아.

그런데 전자를 2개 공유한다면 어떨까? 각 원자에서 2개씩, 총 4개의 전자가 두 산소 원자 사이에 존재하게 돼. 그러면 각 산소 원자 주변에 8개의 전자가 위치하므로 옥텟 규칙을 만족하고 안정된 결합을 이룰 수

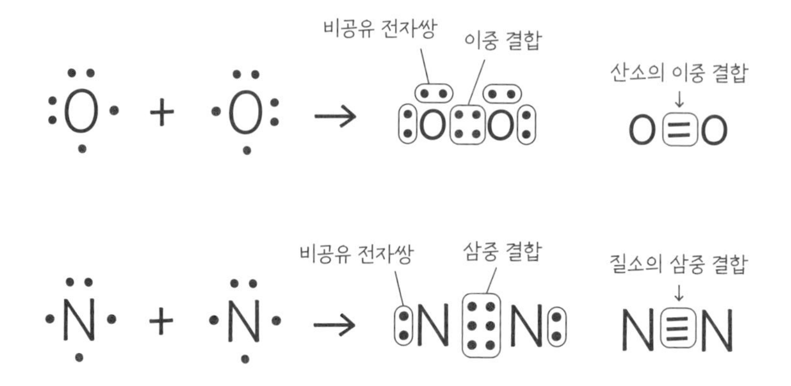

있어. 이처럼 상황에 따라 공유하는 전자쌍의 수가 달라지면 이중 결합, 삼중 결합 같은 다중 결합을 통해 공유 결합이 이루어지는 거야. 질소 분자가 만들어지는 과정도 똑같아. 질소는 전자를 3개씩 공유해야 결합이 이루어지는데, 이때는 삼중 결합으로 분자를 만드는 것이지.

단일 결합, 이중 결합, 삼중 결합 중에서 결합력이 가장 센 것은 무엇일까? 당연히 결합의 수가 많을수록 더 결합이 단단할 거야. 즉 셋 중에서 삼중 결합의 결합력이 가장 크고, 결합하는 힘이 큰 만큼 서로 더 세게 잡아당기기 때문에 결합 거리는 더 짧아져.

화학 물질의 표현, 어렵지 않아요

화학식

헬륨(He), 네온(Ne), 아르곤(Ar)처럼 원자 하나가 곧 분자인 경우도 있지만, 분자 대부분은 원자들이 서로 결합해서 만들어져. 원자를 원소 기호로 표현하는 것처럼, 원소의 결합으로 만들어진 분자 역시 분자식으로 표현할 수 있어. 분자식은 그 분자를 이루고 있는 원자의 종류와 수를 나타낸 식을 말해.

한 분자를 이루는 원자의 종류를 원소 기호로 쓰고, 그 원자의 개수를 원소 기호 오른쪽에 아래 첨자로 써. 분자의 수는 분자식 앞에 숫자로 나타내면 돼. 보통 탄소와 수소가 포함된 분자의 경우에는 가장 먼저 탄소(C) 원자를 쓴 다음 수소(H) 원자를 써. 만약 다른 원자들이 포함되어 있다면 탄소와 수소 다음부터 알파벳 순서로 써주면 돼.

분자식을 보면 분자의 종류와 수, 원자의 종류와 수를 알 수 있어. 예를 들어 수소 원자(H) 2개와 산소 원자(O) 1개로 이루어진 물 분자는

● **분자식 쓰는 법**

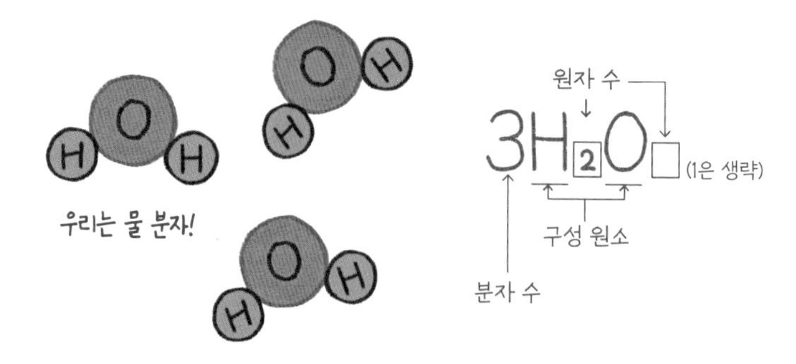

H_2O, 탄소 원자(C) 1개와 산소 원자(O) 2개로 이루어진 이산화 탄소는 CO_2와 같이 써주면 돼. 물 분자가 3개 있는 것을 표현하려면 $3H_2O$, 이산화 탄소가 4개 있는 것은 $4CO_2$로 쓸 수 있지.

이처럼 화학 물질을 표현하는 표기법을 화학식이라고 해. 화학식의 종류로는 분자식, 실험식, 시성식, 구조식이 있어. 분자를 이루는 원자의 총수를 모두 표현한 것이 분자식이라면, 실험식은 물질을 구성하는 원자의 종류를 가장 작은 정수의 비로 표현한 식이야. 예를 들어 포도당의 분자식인 $C_6H_{12}O_6$을 실험식으로 나타내면 CH_2O가 되는 식이지.

시성식은 물질의 특성을 나타내는 작용기를 드러낸 식이야. 예를 들면 아세트산을 시성식으로는 CH_3COOH으로 나타내. 탄소(C)와 산소(O), 수소(H)를 한번에 모아서 쓰지 않고 따로 떨어뜨려서 썼지? 이것은 COOH(카복실기)라는 작용기를 보여주기 위해서야. 이렇게 물질을 시성식으로 나타내면 그 화합물의 특징을 쉽게 알아차릴 수 있다는 장점이

● 아세트산의 화학식들

$C_2H_4O_2$	CH_2O	CH_3COOH	H-C(H)(H)-C(=O)-O-H
분자식	실험식	시성식	구조식
↑ 실제 원자의 개수만 표현	↑ 최소의 정수비로 표현	↑ '작용기'를 표현	↑ 결합한 구조를 표현

있지. 마치 게임 속 캐릭터가 들고 있는 무기가 무엇인지 알면 캐릭터의 특징을 쉽게 알아차릴 수 있는 것과 같아.

마지막으로 구조식은 원자들이 결합한 구조를 그림으로 나타낸 식이야. 구조식은 원자들이 어떤 순서로 어떻게 결합하고 있는지 눈으로 쉽게 알아볼 수 있다는 장점이 있어.

보통 어떤 분자를 찾아낼 때는 처음에 그 분자를 이루는 성분의 비율을 찾고(실험식), 전체 분자량을 통해 분자식을 알아낸 다음, 그 분자가 반응하는 특성을 통해(시성식) 구조를 찾아 구조식을 만들지. 실험식, 분자식, 시성식, 구조식은 모두 중요한 분자의 표현 방법이야.

분자의 생김새 예측하기

전자쌍 반발 이론

구조식이나 분자 모형을 보면 알겠지만, 원자들의 화학 결합으로 만들어진 분자는 입체적인 구조를 띠고 있어. 분자의 구조는 무작위로 만들어지는 걸까? 아니면 일정한 규칙에 따라 예측이 가능한 걸까?

과학은 규칙성이 없어 보이는 자연 현상에서 일정한 규칙을 찾아내는 학문이야. 따라서 분자의 구조 역시 어떤 규칙에 따라 그 모양이 정해진다는 것을 알아냈지.

분자 구조가 만들어지는 규칙을 정리한 것을 전자쌍 반발(VSEPR) 이론이라고 해. 전자쌍 반발 이론은 분자를 구성하고 있는 원자들의 전자쌍이 서로를 밀어내면서 가장 안정적인 구조를 만든다는 이론이야.

분자는 원자가 결합해서 이루어진 것이고, 원자는 자신의 전자를 공유하면서 결합해. 이때 결합에 참여한 전자쌍을 공유 전자쌍이라고 하고, 결합에 참여하지 않은 전자쌍을 비공유 전자쌍이라고 했어. 원자를 중심으로 보면, 원자 주변에 있는 모든 전자쌍(공유 전자쌍과 비공유 전자쌍)은 전기적으로 같은 (−) 전하를 띠고 있어서 서로 밀어내려는 반발력이 작용해. 그러면 분자는 자연스럽게 이 전자쌍의 반발력을 최소화하는 형태를 띠게 돼. 따라서 중심 원자의 전체 전자쌍 수를 알면 분자의 입체 구조를 예측할 수 있지.

예를 들어 중심 원자의 전자쌍이 2개라면, 전자쌍은 반발을 최소화하기 위해 서로 정반대 방향인 180도로 떨어져 있으려고 해. 두 전자쌍은 마치 줄다리기하듯 반대쪽에 위치하는 거야. 만약 중심 원자의 전자쌍이 3개라면 전자쌍의 반발을 최소화하는 형태는 무엇일까? 삼각형을 떠올리면 쉬워. 3개의 전자쌍은 각각 120도씩 떨어져 삼각형의 세 꼭짓점에 해당하는 곳에 위치하게 돼.

중심 원자의 전자쌍이 4개라면 어떨까? 얼핏 생각하면 네 전자쌍이 서로 90도씩 떨어져 있으면 되지 않을까 생각하기 쉽지만, 분자는 평면이 아닌 입체 구조이기 때문에 더 멀리 떨어질 수 있는 방법이 있어. 사면체 구조를 떠올려 봐. 중심 원자가 사면체의 중심에 있다고 생각하고 전자쌍 4개가 각각 사면체의 네 꼭짓점을 향하면 서로 가장 멀리 떨어져 있을 수 있지. 그 각도는 109.5도로, 90도보다 서로의 거리가 더욱 멀기 때문에 더욱 안정적인 구조라고 할 수 있어.

쌘쌤의 스케치북 화학

전자쌍의 각도

전자 영역 수	2	3	4
전자쌍 배치			
전자의 모습 상상도	180°	120° 120°	109.5°
결합각	180°	120°	109.5°
분자 구조	직선	평면 삼각형	정사면체

분자 구조 찾아내기

메테인, 암모니아, 물 분자의 생김새

메테인(CH_4), 암모니아(NH_3), 물(H_2O) 분자는 중심 원자로부터 4개의 전자쌍이 나오는 구조야. 따라서 셋 다 사면체 형태를 하고 있지만, 실제 모양은 세 분자 모두 달라. 세 분자 모두 전자쌍이 4개이니 완전히 똑같은 구조여야 할 것 같은데, 왜 모양이 다를까?

그 이유를 알아보려면 우선 세 가지를 가정해야 해. 첫째, 전자쌍은 서로 반발력을 최소화하는 구조로 멀리 떨어져 있으려고 한다. 둘째, 결합에 참여한 공유 전자쌍은 우리 눈에 보이지만, 결합에 참여하지 않은 비공유 전자쌍은 눈에 보이지 않는다. 셋째, 비공유 전자쌍끼리의 반발력은 공유 전자쌍끼리의 반발력보다 크다.

메테인(CH_4)은 중심에 탄소가 있고 4개의 전자쌍이 모두 수소와 결합하고 있어. 다시 말해 전자쌍 4개가 모두 공유 전자쌍이라는 말이야. 공유 전자쌍 4개가 각각 수소와 결합하고 있으므로 앞서 살펴본 것처럼 정확히 정사면체 구조를 띠고 있고, 결합각은 109.5도를 이루고 있지.

암모니아(NH_3)는 어떨까? 암모니아 중심에 있는 질소(N)도 4개의 전자쌍을 가지고 있지만, 그중 3개만이 수소와 결합하는 공유 전자쌍이야. 나머지 1개는 다른 원자와 결합하지 않고 자리만 차지하는 비공유 전자쌍이지.

물론 비공유 전자쌍이 있더라도 기본적으로는 사면체 구조를 띠어. 하지만 나머지 전자쌍들을 밀어내는 비공유 전자쌍 1개가 눈에 보이지 않기 때문에 사면체의 꼭짓점 하나 역시 눈에 보이지 않아. 따라서 실제 암모니아의 구조는 사면체가 아닌 삼각뿔 형태를 하고 있어. 비공유 전자쌍은 공유 전자쌍을 더 세게 밀어내기 때문에 질소와 수소가 이루는 각도는 107도가 되고, 정사면체보다 결합각이 약간 줄어들게 되지.

물(H_2O)의 구조는 더욱 특이해. 물의 중심에 있는 산소(O)도 4개의 전자쌍을 가지고 있는데, 그중 2개만 수소(H)와 결합한 공유 전자쌍이고 나머지 2개의 전자쌍은 결합 없이 자리만 차지하는 비공유 전자쌍이야. 이 비공유 전자쌍 2개는 눈에 보이지 않으면서 더 큰 반발력으로 밀어내고 있어. 따라서 물 분자는 사면체 구조에서 꼭짓점 2개가 보이지 않는 독특한 구조가 돼.

실제 모양을 보면, 산소를 중심으로 2개의 수소가 굽은 단순한 형태를 띠고 있어. 결합각은 두 비공유 전자쌍의 큰 반발력으로 인해 암모니아보다 더욱 줄어들어서 104.5도야. 나중에 다루겠지만, 물은 이 독특한 형태 덕분에 고유한 성질을 가지게 돼.

반발력의 크기 정리

앞서 설명한 내용을 간단히 정리해 볼게. 아래 그림처럼, 사면체 구조는 중심으로부터 4개의 전자쌍이 나오는 구조야. 이때 반발을 최소화하기 위해 사면체 모양이 되었어. 그런데 같은 사면체 구조여도 각도는 조금씩 달라. 그 이유는 비공유 전자쌍의 수가 다르기 때문인데, 비공유 전자쌍이 많아질수록 반발력도 더 커지기 때문에 결합각이 줄어들게 돼. 참고로 비공유 전자쌍은 눈에 보이지 않아.

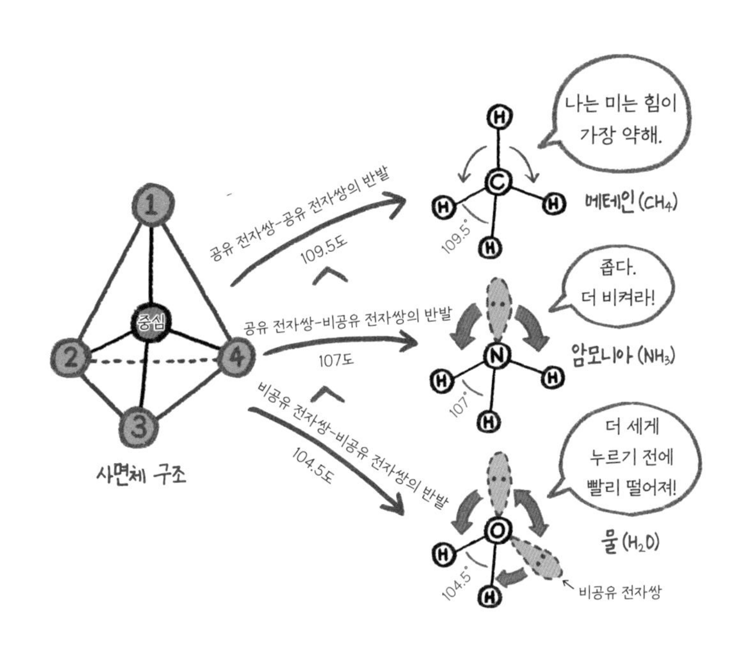

분자에도 +와 -가 있다?

극성과 무극성

분자 내에서 부분적으로 (+)와 (-)를 띠는 곳이 생기는 현상을 극성이라고 해. 극성을 갖는 분자를 극성 분자라고 하고, 극성이 없는 분자는 무극성 분자라고 하지. 분자의 극성은 왜 생길까?

분자는 원자들이 결합해서 만들어지는데, 기본적으로 원자들은 전기 음성도가 각각 달라. 전기 음성도란 중심의 원자핵이 전자를 잡아당기는 힘을 말해. 즉 전기 음성도가 큰 원자는 상대적으로 전자를 잘 끌어올 수 있어.

어떤 분자를 이루는 원자들 사이에 전기 음성도의 차이가 있다면, 전기 음성도가 상대적으로 큰 원자는 주변의 전자를 더 많이 끌어오기 때문에 부분적으로 (-) 전하를 띠게 돼. 반면 전자를 끌어오지 못한 반대쪽은 상대적으로 (+) 전하를 띠게 되면서 극성이 생기는 거야.

수소(H_2), 질소(N_2), 산소(O_2), 염소(Cl_2) 등의 분자는 같은 원자 2개

가 결합했기 때문에 모두 같은 힘으로 전자를 잡아당기고 있어. 이들은 전자가 어느 한쪽으로 치우치지 않기 때문에 무극성 분자야. 메테인(CH_4)은 분자를 구성하는 원자가 서로 다르긴 하지만, 수소(H)가 탄소(C)를 중심으로 일정하게 퍼져 있어서 전기 음성도 차이가 있어도 전자가 한쪽으로 치우치지 않아. 따라서 메테인 역시 무극성 분자야.

사염화 탄소(CCl_4) 역시 메테인에서 수소(H)가 염소(Cl)로만 바뀌었을 뿐 전자가 치우치지 않는 무극성 분자이지. 이처럼 전기 음성도의 차이가 없거나 분자 구조가 대칭인 분자들은 무극성 분자라고 보면 돼.

반면 염화 수소(HCl), 물(H_2O), 암모니아(NH_3)는 대표적인 극성 분자들이야. 극성 분자는 전기 음성도 차이가 큰 원자들이 결합하거나 분자 구조가 비대칭인 경우에 전자가 한쪽으로 치우치면서 부분적으로 (+)나 (−) 전하를 띠게 돼.

극성 분자와 무극성 분자는 서로 반대되는 전기적 성질 때문에 잘 섞이지 않아. 서로 섞이지 않고 층을 이루는 물질들은 보통 한쪽이 극성, 다른 한쪽이 무극성 물질이기 때문이야. 물과 기름이 섞이지 않는 이유도 물은 극성, 기름은 무극성 물질이기 때문이지. 반대로 설탕이 물에 잘 녹는 이유는 물과 비슷한 극성 물질이기 때문이야.

극성과 무극성이 무엇인지, 그리고 이것들이 만나면 서로 왜 섞이지 않는지 그 이유도 이제 화학적으로 이해할 수 있었어. 이번 기회에 우리 주변의 다른 극성, 무극성 물질은 무엇이 있는지 찾아보는 건 어떨까?

무극성을 만드는 요소

① 같은 원자 2개가 결합한 분자(이원자 분자)

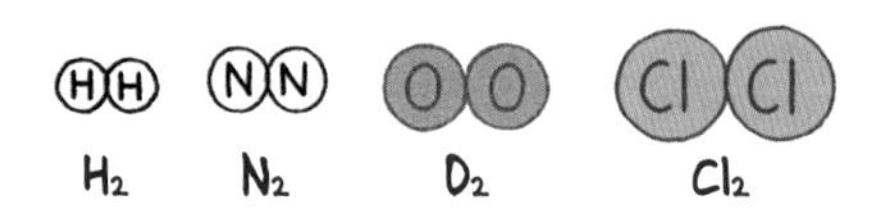

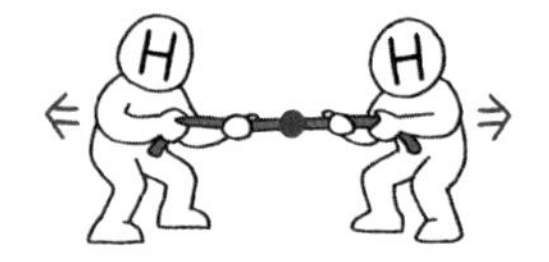

서로 같은 힘으로 잡아당기는 대칭인 분자는 무극성이다.

② 네 방향 또는 양쪽에서 잡아당기는 힘이 대칭을 이루는 분자

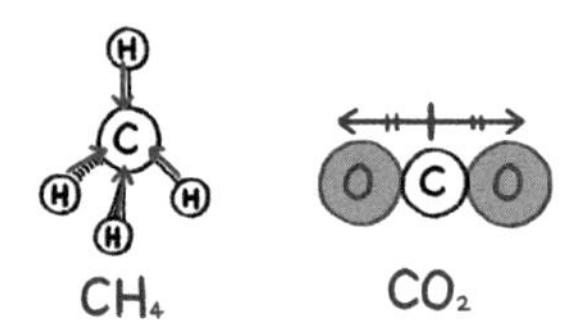

극성을 만드는 요소

각각 Cl(염소), O(산소), N(질소)가 전자를 더 잘 잡아당겨 부분적으로 (+) 전하와 (−) 전하를 띤다.

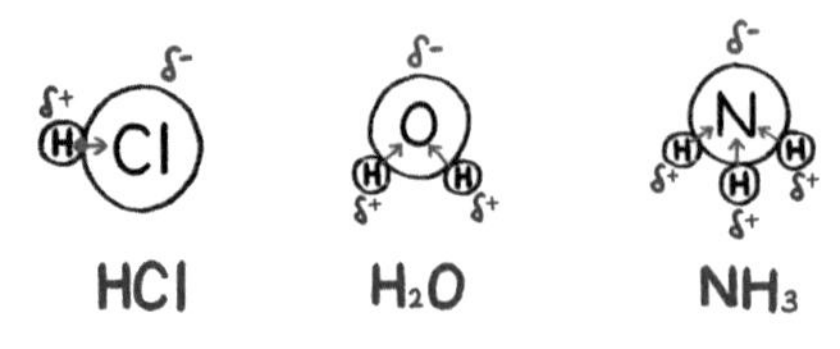

전자를 끌어당기는 힘

전기 음성도

원자 중심에는 (+) 전하를 띤 원자핵이 존재해. 이 원자핵으로 인해 원자는 (−) 전하인 주변의 전자를 끌어당기게 돼. 이때 원자가 전자를 끌어당기는 정도를 나타낸 것이 전기 음성도야. 전기 음성도는 보통 두 가지 요인으로 결정되는데, 바로 '원자의 핵 전하량의 크기'와 '원자의 크기'야. 원자의 핵 전하량이 클수록 전자를 잡아당기는 힘이 커지기 때문에 전기 음성도가 커지고, 원자의 크기가 작을수록 원자핵과 전자 사이의 거리가 가까워지기 때문에 전기 음성도가 커져. 전기 음성도가 없는 원자들도 있어. 이들을 '비활성 기체'라고 부르는데 나중에 다시 다룰 거야.

전기 음성도가 가장 큰 원자는 플루오린(F)으로 그 값이 4.0이야. 그 다음으로는 산소(O) 3.5, 질소(N) 3.0으로 두 번째, 세 번째를 차지하고 있지. 전기 음성도가 가장 큰 이 세 원자를 '폰(F, O, N) 삼형제'로 외우면 기억하기 쉬울 거야.

• 폰(F, O, N) 삼형제

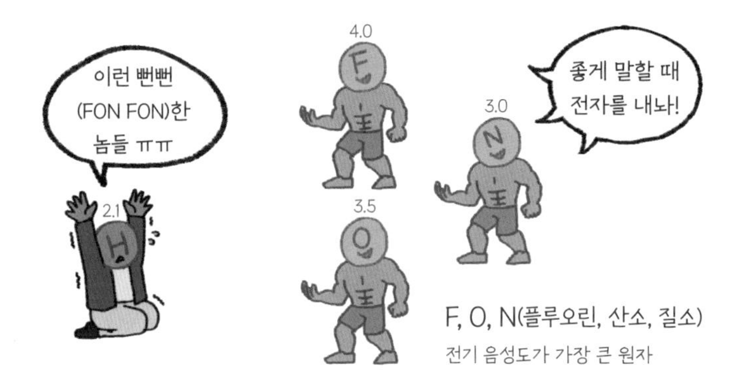

전기 음성도는 화학 결합을 할 때 원자들이 얼마나 전자를 잡아당기는지 알 수 있는 척도가 돼. 따라서 우리는 전기 음성도 값을 보고 화학 결합의 방식을 예측할 수 있지.

전기 음성도의 차이가 클수록 어느 한쪽으로 전자를 완전히 빼앗기기 때문에 전하의 분리가 잘 일어나서 이온 결합이 되기 쉬워. 반대로 전기 음성도 차이가 작으면 전하의 분리가 잘 일어나지 않기 때문에 전자를 공유만 하는 공유 결합이 되기 쉽지. 같은 공유 결합을 하더라도 전기 음성도의 차이로 인해 분자 내에서 부분적으로 (+)와 (−) 전하를 띠는 극성 상태가 될 수 있어. 따라서 공유 결합을 하는 분자들도 각각 극성 분자와 무극성 분자로 나뉘게 돼.

정리하면, 전기 음성도는 원자가 전자를 잡아당기는 힘으로 원자와 분자의 전기적인 성질을 설명하는 데 매우 간단하면서도 중요한 값이야.

사이좋은 물 분자들

수소 결합

모든 분자들 사이에는 눈에 보이지 않는 인력이 작용하고 있어. 분자 사이에 작용하는 가장 작은 인력을 '반데르발스 인력'이라고 해. 반데르발스 인력은 크기를 가진 입자면 어떤 것이든 가지고 있는 최소의 힘이야.

그렇다면 분자 사이의 인력 중에서 가장 큰 힘은 무엇일까? 그것은 극성 분자들 사이에 작용하는 힘이야. 극성 분자들 사이에는 정전기적인 인력이 작용하기 때문에 극성이 큰 분자일수록 인력도 크고, 분자끼리 강하게 잡아당기고 있어.

이 극성 분자들 사이에 작용하는 정전기적 인력 중에서도 가장 큰 힘을 수소 결합이라고 해. 수소 결합은 극성을 가진 분자들 사이에 작용하는 힘의 한 종류야. 극성이 특히 큰 분자들 사이에 작용하는 힘이지. 수소 결합은 전기 음성도가 매우 큰 플루오린(F), 산소(O), 질소(N)가, 전기 음성도가 가장 작은 수소(H)와 연결된 분자에서 작용하는 강한 인력이야. 분자 내에 수소가 꼭 있어야 해서 '수소 결합'이라고 부르게 되었어.

물 분자(H_2O)는 분자들끼리 수소 결합을 하는 대표적인 물질이야. 중심에는 전기 음성도가 매우 큰 산소(O)가 있고, 양쪽에는 전기 음성도가 가장 작은 수소(H)가 굽은 형태로 연결되어 있기 때문에 산소 쪽으로 전자가 많이 치우치면서 극성이 매우 커지지. 따라서 물 분자들 사이에는 강한 정전기적 인력인 수소 결합이 작용해 서로를 매우 강하게 잡아당기고 있어.

물은 수소 결합을 하기 때문에 다른 물질과는 다른 독특한 성질을 갖고 있어. 첫째, 물은 비슷한 크기의 다른 분자들에 비해 끓는점이 굉장히 높아. 비슷한 크기인 메테인(CH_4)의 끓는점은 −161.6°C로 낮은 반면, 물의 끓는점은 100°C로 매우 높지. 끓는점은 액체가 기체로 상태 변화를 할 때의 온도를 말하는데, 액체가 기체로 상태를 변화하려면 분자 간의

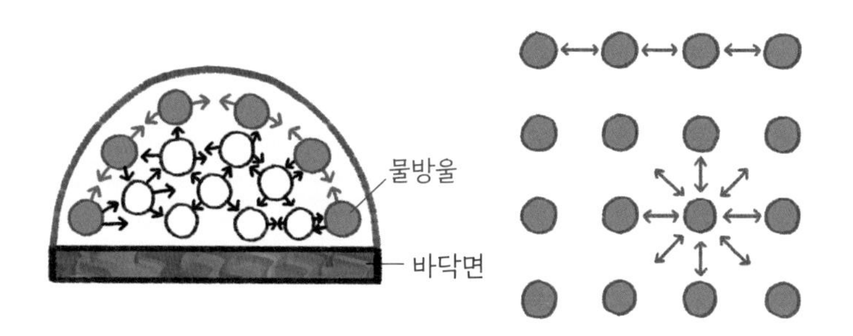

표면 장력이 클수록 방울이 둥글다. 물은 표면 장력이 크기 때문에 물방울이 둥글게 맺힌다.

안쪽 입자는 모든 방향에서 인력을 받지만, 표면 쪽 입자는 아래로 작용하는 인력의 영향을 더 크게 받기 때문에 표면이 둥글게 수축한다.

물의 수소 결합

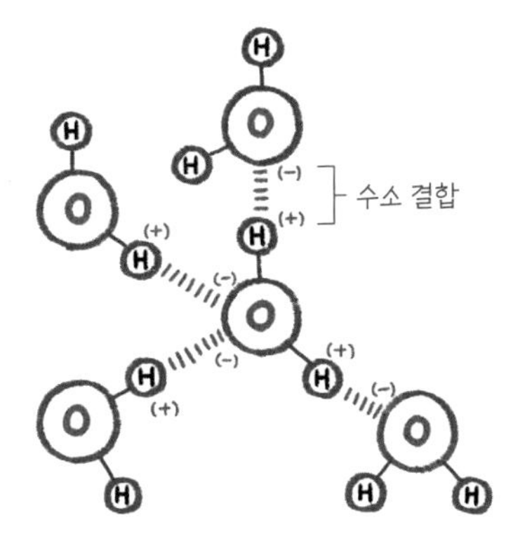

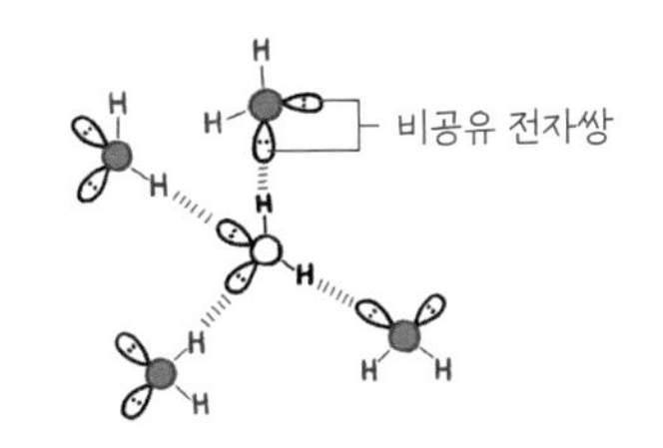

물 분자는 2개의 비공유 전자쌍과 2개의 공유 전자쌍이 있어서 최대 4곳에서 수소 결합이 가능하다.

최대 4개의 수소 결합을 하는 물 분자

인력을 끊을 수 있는 에너지가 필요해. 물은 분자들 사이의 강한 수소 결합을 끊는 데 특별히 많은 에너지가 필요하기 때문에 끓는점이 다른 분자들보다 훨씬 높은 거야.

둘째, 표면 장력이 매우 커. 표면 장력이란 액체의 표면이 스스로 수축하면서 되도록 작은 면적을 취하려는 힘의 성질을 말해. 표면 장력이 클수록 액체가 둥근 모양을 더 잘 유지한다고 보면 돼. 이것 역시 물 분자 사이의 수소 결합으로 인해 표면 아래에서 잡아당기는 힘이 커서 생기는 특성이야. 소금쟁이는 물의 표면 장력을 이용해 물 위에 떠 있을 수 있고, 나뭇잎이 물 위에 뜨는 데 큰 역할을 하는 것 역시 표면 장력이야. 묵직한 돌을 물 위로 통통 튀기는 '물수제비' 역시 표면 장력의 원리를 이용한 놀이인 것이지.

마지막으로, 물은 액체에서 고체로 변화할 때 부피가 증가해. 물을 얼려서 얼음을 만들면 양이 똑같은데도 부피가 더 커지는 것을 볼 수 있어. 물질 대부분은 액체에서 고체가 되면 오히려 부피가 감소해. 분자들의 운동이 감소하면서 분자 사이의 거리가 가까워지기 때문이지.

그런데 물은 반대로 부피가 증가하는 거야. 물은 온도가 내려가면 불규칙하게 움직이던 물 분자들이 규칙적으로 배열되면서 고체인 얼음이 되는데, 이때 수소 결합의 수가 최대가 되면서 분자들 사이에 공간이 생기게 돼. 이로 인해 부피가 늘어나는 거야. 좀 더 차근차근 설명하자면, 물 분자는 사면체 형태로 4개의 물 분자와 수소 결합을 하면서 3차원 구조를 띠게 돼. 얼음(고체)은 물 분자의 수소 결합이 최대가 된 구조야. 이때 공간이 가장 넓어지기 때문에 얼음의 부피는 그만큼 증가하고 밀도는 물보다 작아지게 되지.

물질의 상태에 따른 부피 변화

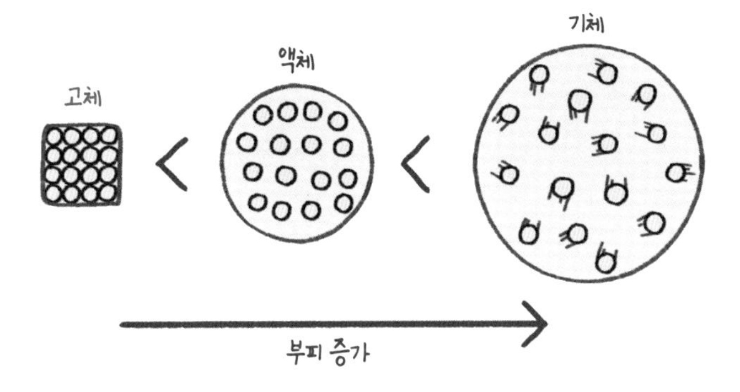

일반적인 물질은 고체→액체→기체 순으로 부피가 증가한다.
(분자 사이의 거리가 멀어지기 때문에)

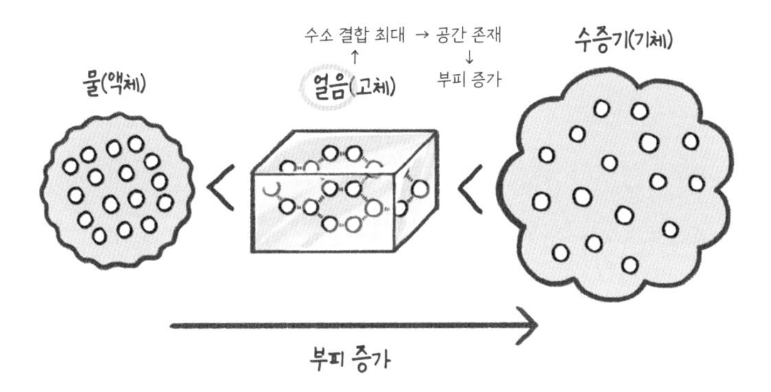

물은 다른 물질과 달리 고체인 얼음이 될 때 수소 결합의 수가 최대가 되어 공간이 생기므로 액체 상태일 때보다 부피가 커진다.

행성만 궤도를 도는 게 아니야

선 스펙트럼

원자 모형은 돌턴이 처음 원자설을 제안한 이후로 많은 변화를 겪게 돼. 톰슨은 '음극선 실험'을 통해 원자 속에 (−) 전하를 띠는 입자인 전자의 존재를 발견했어. 그 뒤 톰슨의 제자였던 러더퍼드는 α(알파)−입자(헬륨 원자핵)를 얇은 금박 조각에 충돌시키는 실험을 했어. 실험 결과 거의 모든 α−입자들은 금박을 그대로 통과해 버렸어. 이것으로 원자 안이 대부분 비어 있다는 사실을 알아냈지.

그런데 α−입자 약 8천 개 중 하나는 거의 180도로 세게 튕겨 나왔어. 이 현상을 통해 원자 중심의 아주 작은 공간에는 (+) 전하를 띤 무거운 입자가 있다는 것도 알아냈어. 러더퍼드는 이 입자를 '원자핵'이라고 이름 붙였지.

위의 과정을 거쳐 우리가 아는 지금의 원자와 비슷한 모형이 탄생했어. 원자의 중심에는 (+) 전하를 띤 원자핵이 있고, 원자의 대부분은 비어

● 연속 스펙트럼과 선 스펙트럼

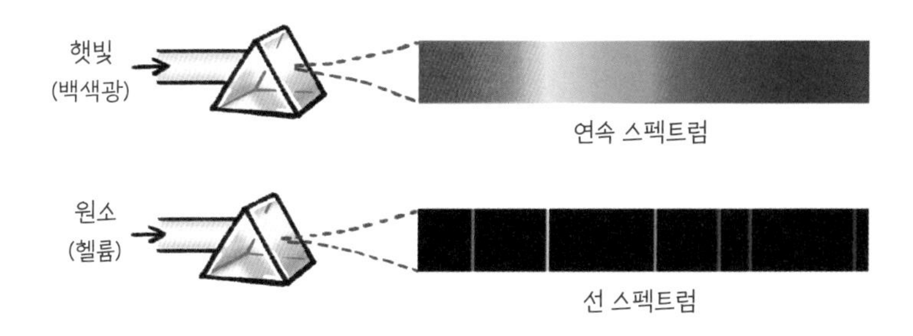

있으며, 그 공간을 (−) 전하를 띤 전자라는 작은 입자가 매우 빠른 속도로 원을 그리며 운동하고 있는 모습 말이야.

거의 완벽해 보였던 이 원자 모형은 난관에 부딪혔어. 전자기학 이론에 의하면 원운동을 하는 전자는 전자기파를 방출하고, 그에 따라 전자의 에너지가 감소해 결국 전자가 원자핵 쪽으로 끌려가면서 충돌해야 해. 하지만 실제로 그런 일은 일어나지 않았어. 더불어 수소의 선 스펙트럼을 설명할 수 없다는 것도 한계점이었어.

햇빛을 분광기(프리즘)에 통과시키면 우리가 아는 무지개 모양이 연속적으로 나타나. 이를 연속 스펙트럼이라고 해. 반면 선 스펙트럼은 원소를 태워서 나오는 빛을 분광기에 통과시켰을 때 나타나는 여러 불연속적인 선의 모음을 말하는데, 수소의 선 스펙트럼은 당시 과학자들에게 큰 숙제였어. 빛이 만드는 선이 늘 똑같은 곳에서 뚝뚝 끊긴 채 나왔거든. 그들은 스펙트럼이 왜 이렇게 불연속적인 선의 형태로 나타나는 것인지 궁

● 원자 모형의 변천

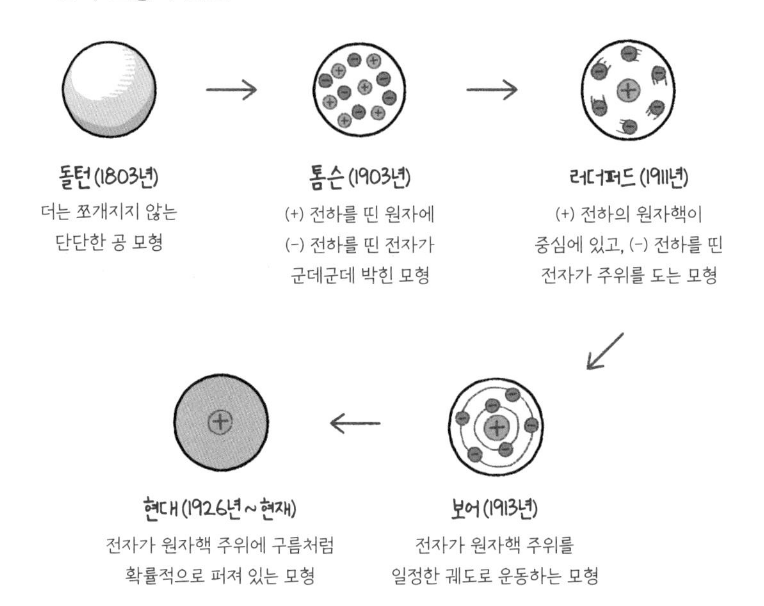

금해했어.

이 의문을 해결한 사람이 바로 보어야. 보어는 원자의 선 스펙트럼이 원자 속 전자가 에너지를 방출할 때 나오는 빛의 파장이라는 것을 알게 되었어. 그는 이 사실을 바탕으로 왜 수소 원자는 늘 같은 파장의 에너지만 내보내는지 알아보려고 노력했지.

보어는 가설을 세워봤어. '만약 전자들이 돌고 있는 궤도가 정해져 있다면, 전자들이 다른 궤도로 이동할 때 에너지 차이가 생기고 그 에너지 값은 늘 같을 것이다.' 보어는 이를 토대로 다음과 같은 원자 모형을 제안하게 되었어.

보어의 원자 모형

① 수소 원자는 핵과 그 주위를 원운동하는 1개의 전자로 이루어져 있다.

② 전자는 정해진 에너지를 가진 궤도에만 존재한다. 이를 전자껍질이라고 한다.

③ 전자가 다른 궤도로 이동할 때 두 궤도의 에너지 차이만큼 에너지를 흡수하거나 방출한다.

보어는 수소 원자의 에너지 준위를 나타내는 식을 유도해서 다음과 같은 결과를 얻었어.

● 수소의 선 스펙트럼과 에너지 준위

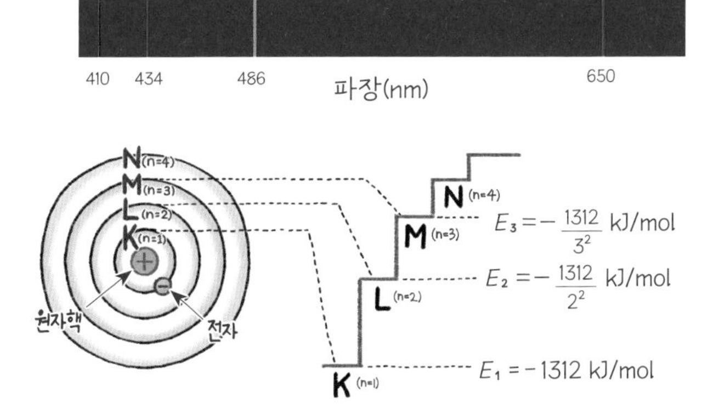

n번째 껍질의 에너지 : $E_n = -\frac{1312}{n^2}$ kJ/mol (n = 1, 2, 3…)

$$E_n = -\frac{1312}{n^2}(\text{kJ/mol})(n=1, 2, 3, \cdots \infty)$$

에너지 준위란 쉽게 말해 '전자가 가지는 에너지'야. 여기서 n은 전자껍질을 의미해. 그럼 원자핵에 가장 가까운 껍질은 $n=1$이 되겠지? 공식에 1을 대입해 보면, 원자핵에 가장 가까운 전자껍질의 에너지 준위는 −1312kJ/mol로 가장 낮아.

이렇게 에너지가 가장 낮은 상태를 '바닥 상태'라고 부르는데 이때 에너지적으로 가장 안정적인 상태가 돼. 바닥 상태보다 에너지가 높은 상태는 '들뜬 상태'라고 부르지. 수소 원자의 선 스펙트럼이 불연속적으로 나타나는 것은 수소 원자에 존재하는 전자껍질들이 불연속적으로 떨어져 있고, 들뜬 상태에 있던 전자가 바닥 상태로 떨어지면서 그 에너지 차이만큼 에너지를 방출하기 때문이야.

빛의 파장에 따른 분류

빛과 같은 전자기파를 파장에 따라 분류하면 파장이 긴 쪽부터 전파 > 마이크로파 > 적외선 > 가시광선 > 자외선 > X-선 > 감마선 순서로 나눌 수 있어. 파장이 짧을수록 같은 시간 동안 진동하는 횟수(진동수)는 늘어나. 즉 파장이 짧고 진동수가 많을수록 에너지가 높아.

눈으로 볼 수 있는 가시광선은 중간에 있어. 가시광선의 빨간색 영역 바깥쪽에는 적외선이 존재하고 보라색 영역 바깥쪽에는 자외선이 존재해. 열을 가진 모든 물체는 적외선 영역의 빛을 내보내는데, 우리 눈으로 볼 수는 없지만 적외선 카메라(열화상 카메라)를 이용하면 적외선을 감지할 수 있어.

적외선은 우리 몸을 따뜻하게 해주기 때문에 찜질할 때 많이 이용하기도 해. 자외선은 에너지가 센 빛이라서 살균 작용이 필요한 식기 세척기 등에 사용되지만, 장시간 피부가 자외선에 노출되면 화상을 입거나 피부암을 유발할 수 있어 주의가 필요해.

열화상 카메라 영상

적외선 찜질기

자외선 살균기

자외선에 노출된 피부

이곳에 전자가 존재할 확률은?

오비탈 모형

보어의 원자 모형은 원자의 안정성과 수소 원자의 선 스펙트럼을 완벽하게 설명해 냈어. 그러나 전자가 2개 이상인 원자들의 복잡한 스펙트럼은 설명할 수 없었지. 이 한계를 극복하기 위해 새로운 원자 모형이 만들어졌는데, 이 최종적인 현대의 원자 모형을 오비탈 모형이라고 해. 오비탈은 한마디로 '전자가 존재할 확률'을 말하는 거야. 불확정성 원리에 의해 전자처럼 작은 입자는 어디 있는지 알 수가 없고 단지 확률로만 표현할 수 있다는 말이지.

그러면 이렇게 생각할 수 있어. '전자의 위치를 알 수 없다면, 확률이라도 알려줘야 하는 거 아니야?' 맞아. 누군가 너에게 전자가 어디 있냐고 물었을 때, "확률적으로 이쯤 어딘가에 있어!"라고 말해주기 위해 양자수라는 개념을 도입했어. 양자수는 전자가 있을 곳을 좀 더 구체적으로 말해주는 힌트 정도로 생각하면 돼.

그렇다면 숨어 있는 전자를 찾기 위해 가장 먼저 어떤 질문을 해야 할까?

1. 어떤 전자껍질에서 놀고 있니? : 주 양자수(n)

주 양자수(n)는 전자운동의 최소 반경을 나타내는 수로, 전자가 원자핵에서 얼마나 떨어진 곳에 있는지 알려줘. 보어의 원자 모형에서 말했던 전자껍질을 나타내는 것이라고 보면 돼. n은 1, 2, 3, …의 값을 가지며 오비탈의 크기와 에너지를 결정하는 양자수야.

예를 들어 어떤 전자가 2번째 껍질, 즉 $n=2$의 주 양자수를 가진 곳 어딘가에 있다고 해보자. 그럼 우리는 다음 질문으로 넘어가서 전자의 더욱 정확한 위치를 찾아야 해.

2. 어떤 모양의 오비탈에서 놀고 있니? : 방위 양자수(l)

방위 양자수(l)는 오비탈의 3차원 모양을 결정하는 수야. 방위 양자수는 0, 1, 2, 3, …, $(n-1)$까지 존재할 수 있어. 방위 양자수가 0이면 동그란 공 모양, 1이면 아령 모양인 식이지. 숫자가 커질수록 모양은 더욱 다양하고 복잡해져. 어쨌든 방위 양자수는 전자가 어떤 일정한 모양에서 놀고 있는지에 관한 단서를 제공해 줘.

방위 양자수가 0일 때의 공 모양 오비탈을 s 오비탈, 방위 양자수가 1일 때의 아령 모양 오비탈을 p 오비탈이라고 간단하게 나타내기로 했어. 이 정도는 기억해 두면 좋아.

3. 오비탈은 어떤 방향으로 뻗어 있을까? : 자기 양자수(m_l)

자기 양자수(m_l)는 핵 주위의 전자구름이 어떤 방향으로 존재하는지를 알려주는 수야. 예를 들어 방위 양자수가 1인 똑같은 아령 모양이라도 x축, y축, z축의 세 가지 방향으로 뻗어 있을 수 있거든.

주 양자수(n)가 2라면 공 모양의 s 오비탈(l=0)과 아령 모양의 p 오비탈(l=1)에 전자가 존재할 수 있어. 방위 양자수(l)가 1로 정해졌다면 전자는 2번째 전자껍질에 있고, 아령 모양의 오비탈 속에 있는 것이지.

여기까지 정해졌다면, 이제 어떤 방향으로 뻗은 아령인지 자기 양자수를 통해 구체적으로 알 수 있어. 방위 양자수가 1이라면 자기 양자수는 −1, 0, +1 세 가지가 가능한데, 이 −1, 0, +1를 p_x, p_y, p_z라고 표현해. p_x는 x축에 나란한 방향을 말하고, p_y와 p_z는 각각 y축, z축과 나란한 방향으로 뻗은 아령 모양이라는 것을 의미해. 갑자기 어려워졌다면, 자기 양자수는 오비탈의 방향을 3차원 축에 따라 단순하게 표현한 것이라고만 이해해도 충분해.

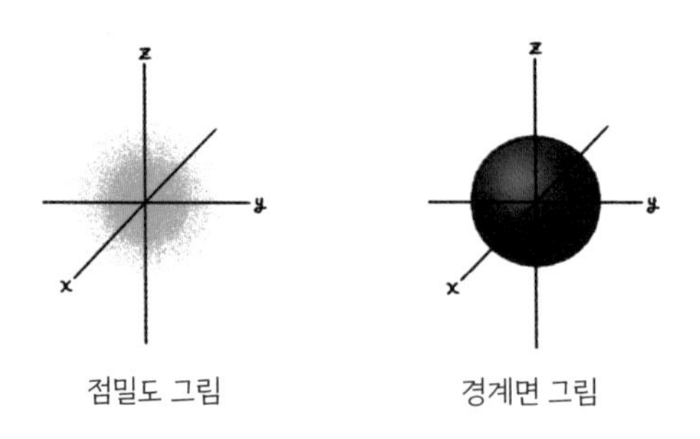

전자가 존재할 수 있는 공간을 3차원 좌표로 표현한 모습

● 방위 양자수(l)의 s 오비탈과 p 오비탈

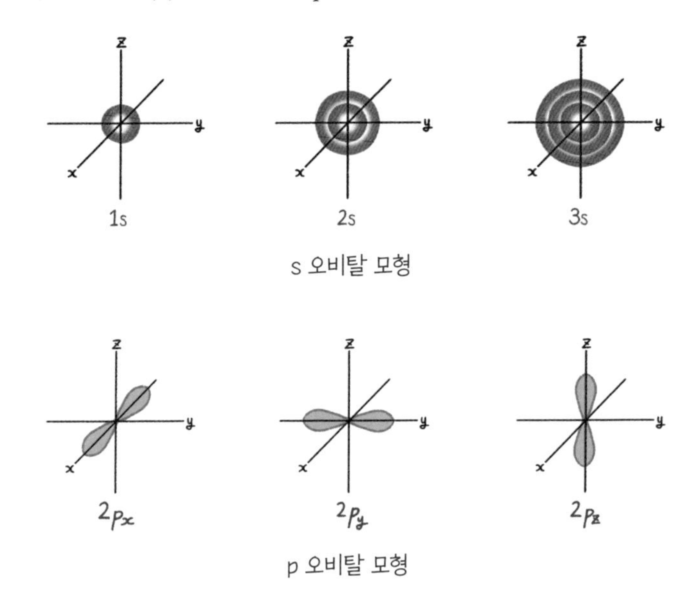

s 오비탈 모형

p 오비탈 모형

4. 같은 오비탈에 있는 전자는 반대로 스핀! : 스핀 자기 양자수(m_s)

주 양자수(n)와 방위 양자수(l), 자기 양자수(m_l)는 오비탈의 크기와 모양, 공간에서의 방향을 알려줬어. 이제 전자는 '그곳에서 어떤 운동을 하고 있는가'에 관한 설명만 남아 있어. 전자는 자기장에서 회전하는 성질을 갖는데 이것을 전자스핀이라고 해. 같은 오비탈 안에서는 전자스핀이 2가지 방향으로 나뉘어. 두 방향을 $+\frac{1}{2}$ 또는 $-\frac{1}{2}$로 나타내고 이것을 스핀 자기 양자수(m_s)라고 해. 쉽게 말해 같은 방에 있는 전자는 서로 반대 방향으로 누워 있다고 생각하면 돼. 스핀 자기 양자수가 각각 다른 전자를 나타낼 때는 서로 반대 방향의 화살표(↑, ↓)로 표시해.

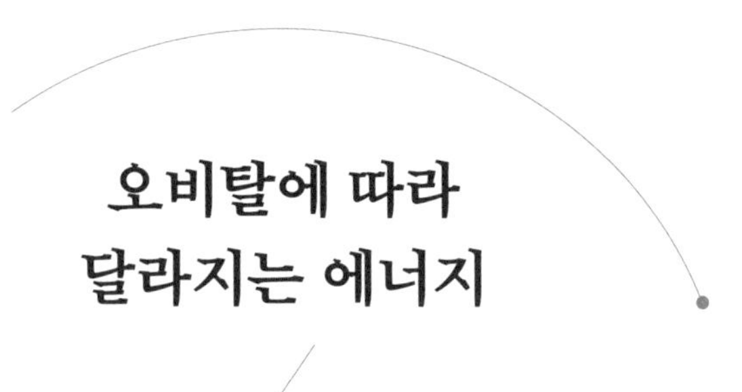

오비탈에 따라 달라지는 에너지

전자 에너지 준위

앞에서 살펴본 것처럼 오비탈은 원자핵 주위에 전자가 존재할 수 있는 공간을 확률 분포로 나타낸 개념이야. 오비탈의 에너지와 모양, 방향은 주 양자수, 방위 양자수, 자기 양자수, 스핀 자기 양자수의 4가지 양자수에 의해서 결정돼.

오비탈은 다음과 같이 표기해. 맨 앞에는 주 양자수를 써. 그 뒤에는 오비탈의 종류를 나타내는 방위 양자수를 문자 기호로 표기해. 다음은 아래 첨자로 오비탈의 방향성을 표시하고, 위 첨자로는 그 오비탈에 들어 있는 전자 수를 표시하는 거야.

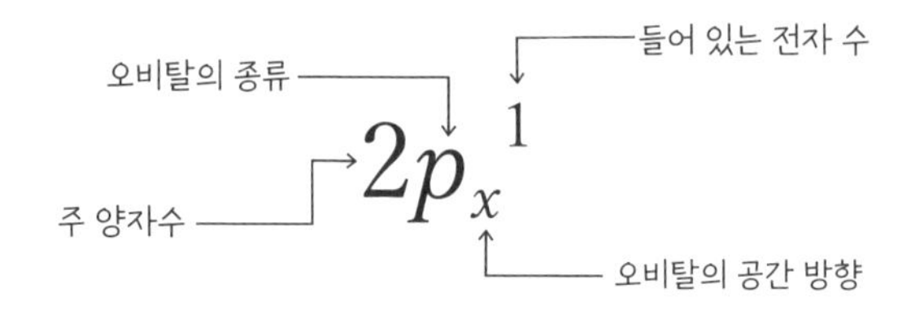

오비탈은 원자핵에 가까운 곳부터 $1s, 2s, 2p, 3s, 3p, 3d, 4s, 4p, 4d, 4f,$ … 순으로 존재하고, 원자핵에서 멀어질수록 에너지 준위가 높아져. 과학에서 에너지가 높다는 것은 곧 불안정성이 커진다는 것과 같아.

전자가 1개인 수소는 에너지 준위가 주 양자수에 의해서만 달라져. 그래서 수소의 에너지 준위는 $1s<2s=2p<3s=3p=3d<4s=4p=4d=4f,$ …처럼 주 양자수를 나타내는 숫자에 따라서만 증가해.

하지만 전자가 2개 이상인 다른 원자들부터는 전자들의 반발력 때문에 같은 주 양자수(전자껍질)를 갖더라도 에너지가 달라져. 따라서 $1s<2s<2p<3s<3p<4s<3d<4p,$ … 순서로 바뀌어. 물론 예외는 있지만 대체로 전자껍질이 클수록(주 양자수가 클수록) 에너지 준위도 높아진다고 생각하면 돼.

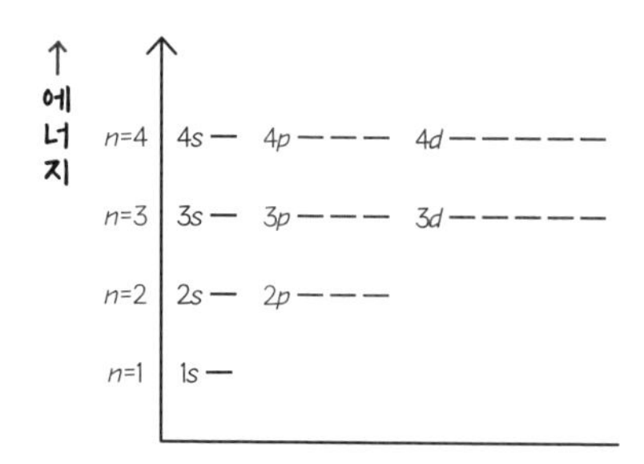

수소 원자의 에너지 준위

$1s < 2s = 2p < 3s = 3p = 3d < 4s = 4p = 4d = 4f < \cdots$

수소 원자는 전자가 1개이므로 전자 사이에 반발력이 작용하지 않아. 따라서 에너지 준위는 전자와 양성자 사이에 작용하는 인력에만 영향을 받아. 이로 인해 수소 원자의 에너지 준위는 주 양자수(n)에 의해서만 결정되지.

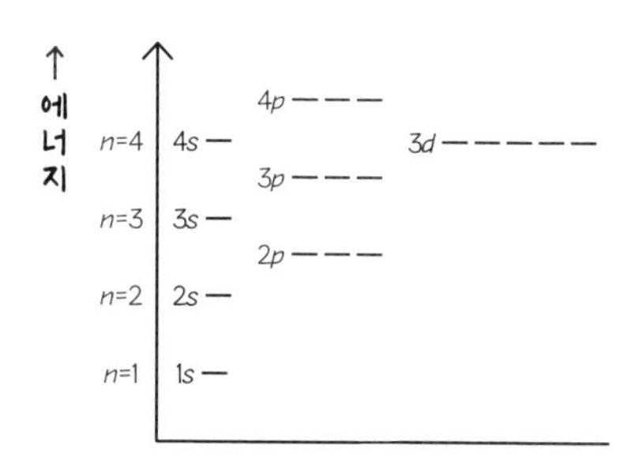

다전자 원자의 에너지 준위

$1s < 2s < 2p < 3s < 3p < 4s < 3d < 4p < 5s \cdots$

다전자 원자는 전자 사이의 반발력이 작용하므로 주 양자수(n)가 같아도 s 오비탈과 p 오비탈의 에너지 준위가 달라.

전자의 방 배정

원자의 전자 배치

지금까지 오비탈에 관해 길게 설명해 왔는데, 잘 따라오고 있니? 마지막으로 원자 안에 전자가 어떻게 배치되는지를 알아보려고 해.

원자에 존재하는 전자는 어떤 순서로 오비탈에 채워질까? 원자는 호텔, 오비탈은 호텔 방이라고 상상해 보자. 전자라는 손님이 호텔에 들어오면 호텔 주인은 1층부터 차례대로 손님을 안내해. 1층의 방이 손님으로 꽉 차면 다음 손님은 2층으로 가야 해. 2층이 다 차면 3층으로 가겠지? 이런 식으로 1층부터 차례대로 손님을 올려 보내. 한 방에는 손님이 2명까지 묵을 수 있는데, 만약 같은 층에 방이 여러 개 있으면 각각의 방에 먼저 한 명씩 손님을 넣고, 방이 다 찬 다음부터는 이미 들어가 있는 손님과 짝을 지어 두 명씩 방에 채워 넣는 것이 이 호텔의 규칙이야.

여기서 각 층에 존재하는 방은 에너지 준위가 같은 오비탈을 의미해. 전자는 에너지 준위가 낮은 오비탈(1층)부터 차례대로 채워지고, 만약 에너지 준위가 같은 오비탈이 있을 때는 각각의 오비탈에 먼저 한 개의 전자가 채워진 다음, 그다음부터 전자가 짝을 지어 오비탈에 채워지게 돼. 이때 같은 오비탈의 방에 채워지는 전자가 도는 방향(스핀 방향)은 서로 반대여야 한다는 것도 기억하고 있지?

다전자 원자에서 오비탈의 에너지 준위는 $1s<2s<2p<3s<3p<4s<3d<4p<5s$… 순서야. s 오비탈은 방이 1개(s), p 오비탈은 방이 3개(p_x, p_y, p_z), d 오비탈은 방이 5개(d_{xy}, d_{yz}, d_{xz}, $d_{x^2-y^2}$, d_{z^2}) 있고 이들의 에너지 준위는 각각 같아.

오비탈의 에너지가 낮은 곳부터 채워진다는 원리를 '쌓음 원리'라고 하고, 에너지 준위가 같은 오비탈에는 홀전자 수가 가장 많은 배치를 선호한다는 규칙을 '훈트 규칙'이라고 해. 마지막으로 하나의 오비탈 방에는 최대 2개의 전자만 들어갈 수 있고, 두 전자의 스핀 방향은 서로 반대여야 한다는 원리를 '파울리의 배타 원리'라고 해. 지금까지 배웠던 것에 이름이 붙은 것뿐이니 어렵게 생각할 필요는 없어.

훈트 규칙의 예를 들어볼게. 전자가 6개인 탄소(C) 원자의 바닥 상태(가장 안정된 상태)의 전자 배치는 1s [↑↓] 2s [↑↓] 2p [↑↓ | |] 이 아니라 1s [↑↓] 2s [↑↓] 2p [↑ | ↑ |] 이고, 전자가 7개인 질소(N) 원자의 바닥 상태의 전자 배치는 1s [↑↓] 2s [↑↓] 2p [↑↓ | ↑ |] 이 아니라 1s [↑↓] 2s [↑↓] 2p [↑ | ↑ | ↑] 이 되는 거야. 즉 2명 정원인 방에 2명을 먼저 채우는 것이 아니라 1명씩 모든 방을 먼저 채워서 홀전자를 최대한 많이 유지하는 것이 전자 배치의 규칙임을 알 수 있지. 전자가 2개 있는 방에서는 전자 사이의 반발력이

생기기 때문에 홀전자 상태로 있을 때보다 불안정해지거든. 반발력을 최소한으로 해서 안정된 상태를 유지하기 위해 홀전자를 많이 두려고 하는 거야.

전자 배치를 표시하는 방법은 앞에서처럼 오비탈 상자 모형을 이용하는 방법 이외에 오비탈 기호로도 나타낼 수 있어. 탄소(C)의 경우 $1s^2$ $2s^2$ $2p^2$, 질소(N)의 경우 $1s^2$ $2s^2$ $2p^3$과 같이 오비탈 기호에 오비탈 방을 첨자로 써주는 방식으로 나타낼 수 있어.

오비탈의 전자 배치를 이해하면 바닥 상태(가장 안정된 상태)와 들뜬 상태(바닥 상태가 아닌 상태)의 전자 배치를 구분할 수 있고, 화학적 특성을 결정짓는 원자가 전자를 찾아낼 수 있으며, 이 전자들이 화학 결합에 어떻게 관여하는지 등을 기호만 보고도 쉽게 이해할 수 있어.

쌘쌤의 스케치북 화학

오비탈의 기호 표현과 상자 모형 표현

오비탈의 종류 → $2p_x^1$ ← 들어 있는 전자 수 주 양자수 → $2p$ x ← 오비탈의 공간 방향	$_3Li$	1s ↑↓ / 2s ↑ / 2p ☐☐☐	전자배치 $1s^22s^1$
	$_6C$	1s ↑↓ / 2s ↑↓ / 2p ↑ ↑ ☐	$1s^22s^22p^2$

오비탈에 전자가 채워지는 순서

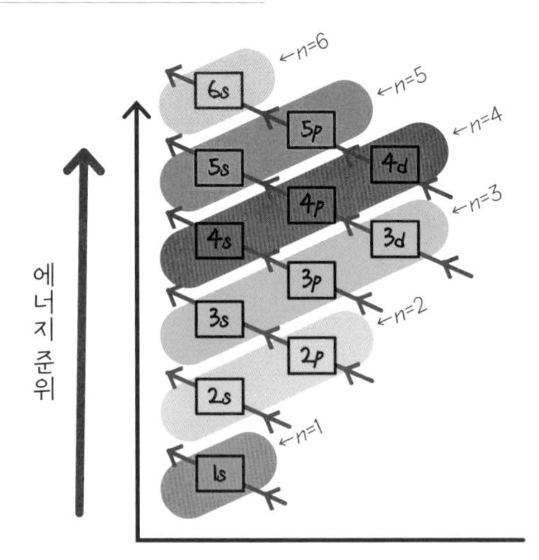

1s<2s<2p<3s<3p<4s<3d<4p<5s…

• 케미 스토리 •

모니터 화면 속의 양자 도약

핸드폰이나 TV 화면의 디스플레이는 점점 더 선명하고 다채롭게 발전하고 있어. 최근에는 자체 발광 디스플레이인 OLED와 퀀텀닷 디스플레이까지 다양한 빛으로 고화질 성능을 보여주고 있는데, 이 속에는 양자 도약(Quantum Jump)이라는 개념이 자리 잡고 있어. 이 양자 도약은 에너지가 불연속적이라는 현대 양자역학에 기반을 두고 있지.

원자 속에 존재하는 전자를 계단에 있는 공으로 비유하면, 전자는 일반적인 공과는 달리 계단을 미끄러지듯 내려오지 않아. 그 대신 계단 하나하나를 순간 이동하듯이 미리 정해진 위치로만 불연속적으로 이동해.

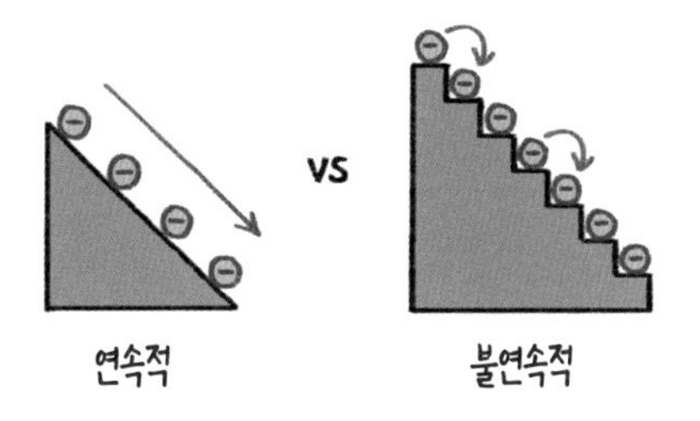

• 높은 에너지와 낮은 에너지 상태

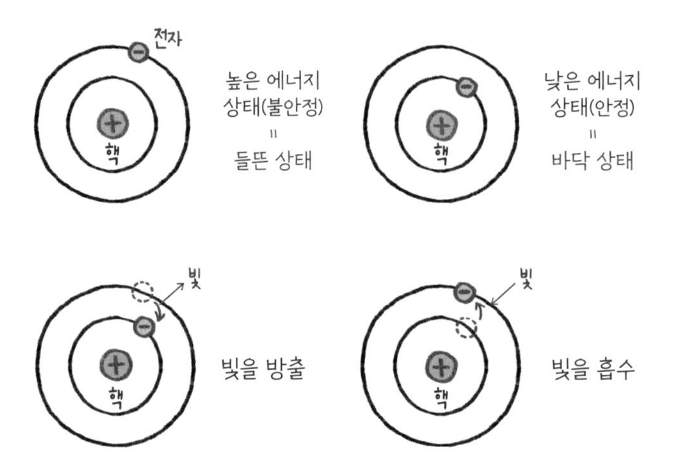

보어의 원자 모형에 따르면 전자는 미리 정해진 궤도에만 존재하고 궤도 사이에는 존재할 수가 없어. 이 정해진 궤도에서 전자가 안쪽으로 떨어질 때는 그 에너지 차이만큼의 빛을 밖으로 방출하고, 전자가 바깥쪽으로 올라갈 때는 그 에너지 차이만큼의 에너지를 흡수해야 해. 이런 전자의 불연속적 궤도 이동을 양자 도약이라고 하고, 이러한 양자 도약 때문에 에너지는 불연속적으로 방출되거나 흡수돼. 전자의 이동 폭에 따라 나오는 빛이 각기 다르기 때문에 디스플레이가 다양한 색을 낼 수 있는 거야.

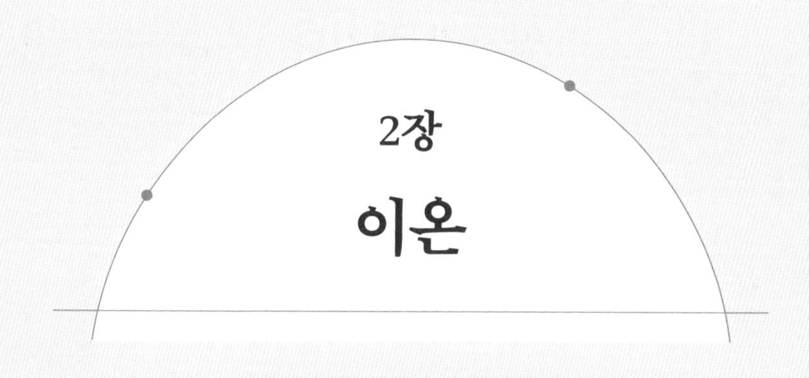

2장

이온

안정적인 원자 만들기

전자가 움직이면 입자가 생긴다

이온

1장에서 원자가 부분적으로 (+) 전하나 (−) 전하를 띠기도 한다고 말했지만, 원래 원자는 전기적으로 중성이야. 그 이유는 원자핵의 (+) 전하의 총량과 전자들의 (−) 전하의 총량이 같기 때문이지. 이처럼 중성인 원자가 전자를 잃거나 얻으면 전하를 띠게 되는 입자가 만들어지는데, 이것을 이온이라고 해.

이때 중성 원자가 전자를 잃어서 (+) 전하를 띠게 된 입자를 양이온, 전자를 얻어서 (−) 전하를 띠게 된 입자를 음이온이라고 불러. 원자핵의 (+) 전하량은 일정한데 전자를 잃으면 상대적으로 (+) 전하가 더 커지기 때문에 양이온이 되는 것이고, 전자를 얻으면 상대적으로 (−) 전하가 더 커지기 때문에 음이온이 되는 거야.

원자에 따라서 양이온과 음이온이 되기 쉬운 물질이 정해져 있어. 이는 원자의 안정성과 관련이 있어. 원자핵 주변에는 전자가 위치하는 전자

● 이온의 생성

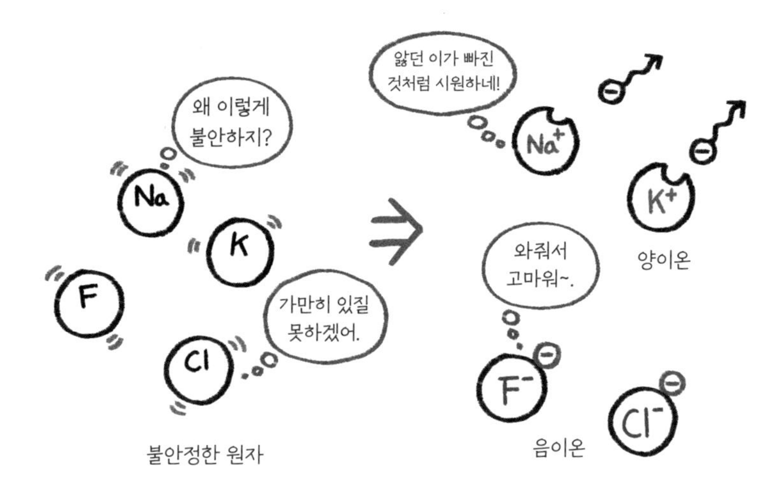

더 안정화되기 위해 양이온 또는 음이온이 된다.

껍질이 있다고 했지? 전자는 전자껍질 안쪽부터 차례대로 채워지는데 첫 번째 껍질에는 전자 2개, 두 번째 껍질부터는 전자 8개씩 차례로 채워져.

원자들은 자신이 가진 전자껍질 중에서 가장 바깥쪽에 있는 마지막 껍질에는 전자를 반드시 꽉 채우고 싶어 해. 그 이유는 마지막 전자껍질에 전자가 꽉 채워져 있을 때 에너지적으로 안정화되기 때문이야.

양이온은 마지막 전자껍질에 전자가 3개 이하로 채워져 있던 원자들로부터 만들어져. 전자가 3개 이하로 남았을 때는 5개의 전자를 더 가져와서 채우는 것보다 가지고 있던 전자를 버리는 편이 더 쉽기 때문이야. 마지막 전자껍질에 있던 전자들을 모두 버리면 그 껍질은 사라지고, 바로

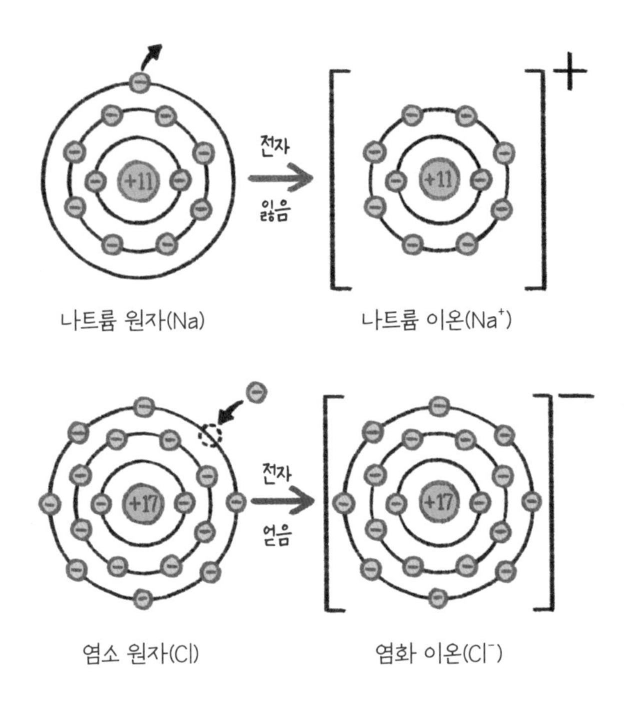

안쪽에 있던 전자껍질이 가장 바깥쪽 전자껍질이 되어 전자로 꽉 채워진 안정된 상태를 이루는 것이지. 원래 있던 (−) 전하를 띤 전자가 사라졌으니 원자는 양이온이 되는 거야.

반대로 음이온들은 마지막 전자껍질에 전자가 5개 이상 있는 원자들로부터 만들어져. 전자가 5개 이상인 원자들은 전자를 더 받아서 마지막 전자껍질을 채우는 것이 더 편하기 때문이야.

예를 들어 나트륨(Na)은 원자 번호 11번으로 11개의 전자를 가지고 있어. 첫 번째 껍질에 2개, 두 번째 껍질에 8개, 그리고 세 번째 껍질에 1개의 전자가 있지. 마지막 껍질에 전자가 1개뿐이니 나트륨은 주저 없이 전자 1개를 버리고 바로 안쪽 껍질을 마지막 껍질로 대체해 버려. 중성이었던 나트륨 원자는 이때 전자 1개를 잃어버리면서 +1의 전하량을 지닌 나트륨 이온(Na^+)이 되는 거야.

이번에는 염소(Cl) 원자를 보자. 염소(Cl)의 원자 번호는 17번으로 17개의 전자를 가지고 있어. 염소는 전자껍질에 차례로 2개, 8개, 7개의 전자를 가지고 있으므로 마지막 전자껍질에 있는 전자는 7개야. 이때 염소 원자는 전자 1개를 얻어 마지막 전자껍질을 채우고 싶어 할 거야. 그래야 안정적인 상태가 될 테니까. 따라서 중성인 염소 원자는 전자 1개를 얻어서 −1의 전하량을 지닌 염화 이온(Cl^-)이 되는 거야.

이처럼 중성인 원자들은 에너지적으로 안정적인 상태가 되기 위해 전자를 잃거나 얻게 되고, 그로 인해서 (+) 또는 (−) 전하를 가진 이온이 만들어지는 것이지.

이온은 어떻게 표현할까?

이온식

이렇게 만들어진 이온은 어떻게 표현하면 좋을까? 이온이 만들어질 때는 전자의 개수만 달라져. 원자핵에 있는 양성자 개수에는 변함이 없지. 즉 원자의 종류는 바뀌지 않고 전하량만 바뀌는 거야.

원자의 종류는 바뀌지 않으니까 처음의 원소 기호는 그대로 써주고, 바뀐 전하량만 따로 표현해 주면 되겠지? 그래서 이온식은 원소 기호의 오른쪽 위에 잃거나 얻은 전자의 수와 전하량의 종류를 함께 나타내. 단, 잃거나 얻은 전자가 1개라면 1은 생략하고 나타내면 돼.

예를 들어 전자를 1개 잃은 Na(나트륨)은 Na^+(나트륨 이온), 전자를 2개 잃은 Mg(마그네슘)은 Mg^{2+}(마그네슘 이온), 전자를 3개 잃은 Al(알루미늄)은 Al^{3+}(알루미늄 이온)으로 나타내. 반대로 전자를 1개 얻은 Cl(염소)는 Cl^-(염화 이온), 전자를 2개 얻은 O(산소)는 O^{2-}(산화 이온)인 식이지.

● 이온을 표현하는 방법

구분	양이온	음이온
표현 방법	원소 기호의 오른쪽 위에 잃거나 얻은 전자 수와 전하의 종류를 함께 표시한다.(단, 1은 생략)	
이온식	원소 기호 / 잃은 전자 수 / 전하 종류 Na^{+} 나트륨 이온	원소 기호 / 얻은 전자 수 / 전하 종류 S^{2-} 황화 이온

보통 원자 하나가 전자를 잃거나 얻어서 이온이 되지만, 원자단(여러 원자가 모여 만들어진 입자)도 전자를 잃거나 얻어서 이온이 될 수 있어. 이를 다원자 이온이라고 하는데, NH_4^{+}(암모늄 이온), NO_3^{-}(질산 이온), OH^{-}(수산화 이온), CO_3^{2-}(탄산 이온), SO_4^{2-}(황산 이온) 등이 있어.

여러 가지 이온식

양이온			
이름	이온식	이름	이온식
나트륨 이온	Na^{+}	마그네슘 이온	Mg^{2+}
은 이온	Ag^{+}	구리 이온	Cu^{2+}
수소 이온	H^{+}	바륨 이온	Ba^{2+}
리튬 이온	Li^{+}	암모늄 이온	NH_4^{+}
칼륨 이온	K^{+}	납 이온	Pb^{2+}
칼슘 이온	Ca^{2+}	알루미늄 이온	Al^{3+}

음이온			
이름	이온식	이름	이온식
질산 이온	NO_3^{-}	탄산 이온	CO_3^{2-}
염화 이온	Cl^{-}	황산 이온	SO_4^{2-}
아이오딘화 이온	I^{-}	플루오린화 이온	F^{-}
산화 이온	O^{2-}	수산화 이온	OH^{-}
황화 이온	S^{2-}		

양이온과 음이온이 만나면

이온 결합

이온 결합이란 양이온과 음이온 사이의 정전기적 인력에 의한 결합을 말해. 옥텟 규칙에 따라 원자는 가장 마지막 껍질에 전자 8개를 채우면 에너지적으로 안정된 상태가 돼.

만약 가장 마지막 전자껍질의 전자가 7개인 원자와 가장 마지막 전자껍질의 전자가 1개인 원자가 만나면 어떤 일이 일어날까? 전자가 7개인 원자는 전자를 1개만 가져와서 채우면 안정화되는데, 마침 전자를 1개 버려야 안정화되는 친구를 만난 거야. 서로 "이게 웬 떡이야?"라고 외치겠지. 둘은 보자마자 첫눈에 반해 전자 하나를 이동시키면서 결합해. 이것이 바로 이온 결합이야. 우리가 아는 소금, 즉 염화 나트륨(NaCl)이 대표적인 예야.

나트륨(Na)은 전자가 11개이고 '2−8−1' 순서로 전자가 채워지기 때문에 가장 마지막 전자껍질에는 전자가 1개야. 염소(Cl)는 전자가 17

● **나트륨과 염소의 결합, 염화 나트륨**

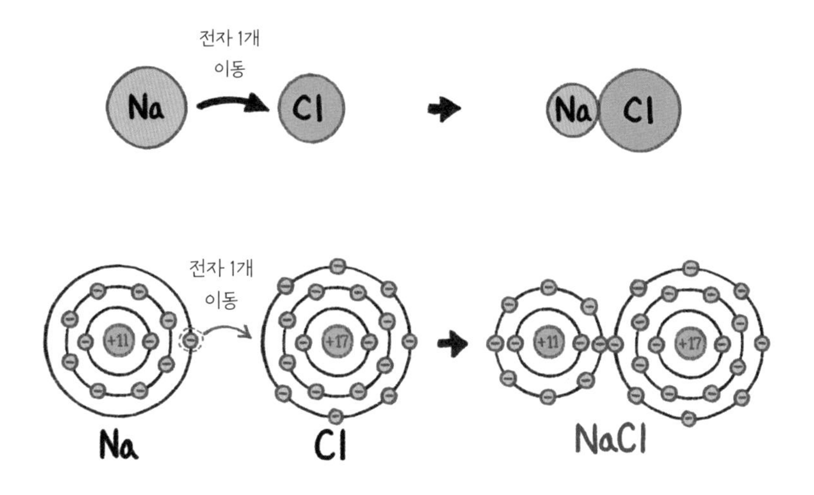

개이고 채워지는 순서는 '2-8-7'이므로 가장 마지막 껍질에는 전자가 7개 있어. 이 둘이 가까워지면 나트륨은 필요 없는 전자 1개를 염소에게 넘겨주고, 염소는 너무 고마운 나머지 나트륨의 손을 꽉 잡고 놓아주지 않지. 이렇게 둘은 안정적인 구조를 이루면서 정전기적인 인력을 통해 이온 결합을 형성하게 돼. 정리하면, '전자가 이동해 양이온과 음이온을 형성하며, 이 둘은 정전기적인 인력을 통해 이온 결합을 만든다.'라고 요약할 수 있어.

이렇게 만들어진 이온 결합 물질은 특별한 성질이 있어. 첫째, 물과 같은 극성 용매에 잘 녹아. (+)와 (-) 전하를 가진 이온은 물과 같은 극성 용매를 만나면 서로 친해서 잘 녹을 수 있지.

● 이온 결합 물질이 물에 녹는 모형

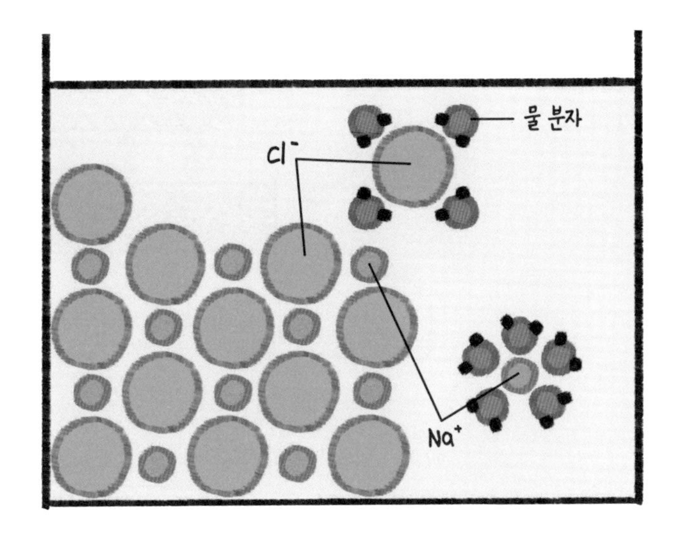

둘째, 녹는점과 끓는점이 높아. 이온 결합 물질은 강한 정전기적 인력으로 결합해 있기 때문에 입자를 떼어내려면 많은 에너지가 필요해. 이 말은 고체를 액체로 만들기 위해 높은 열을 가해야 한다는 뜻이므로 녹는점이 매우 높아지지. 끓는점 역시 마찬가지 이유로 높아져.

셋째, 고체 상태에서는 전기 전도성이 없지만, 액체나 수용액 상태에서는 전기 전도성이 있어. 고체 상태일 경우에는 입자들이 움직일 수 없어 전류가 흐르지 못하지만, 액체나 수용액일 때는 이온의 움직임이 자유로워지면서 전류가 흐를 수 있는 상태가 되기 때문이야.

넷째, 외부에서 힘을 가하면 쉽게 부스러져. 이온 결합은 강한 인력에 의한 것이라고 했는데 부스러지기 쉽다는 말이 이해가 안 될지도 몰라.

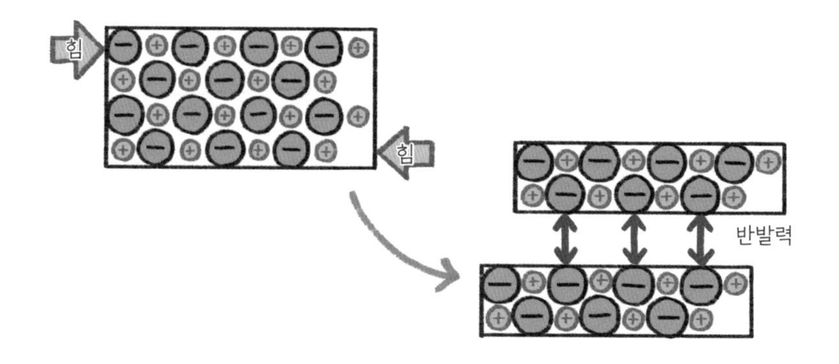

이온 결합 물질에 힘이 가해지면,
같은 전하끼리 반발해서 부스러지기 쉽다.

열을 가해서 상태를 변하게 하는 것은 어려워. 하지만 외부에서 물리적인 힘을 가하면 (+) 전하의 양이온과 (−) 전하의 음이온이 서로 어긋나면서 (+)와 (+), (−)와 (−) 사이의 반발력이 작용하는 상태로 쉽게 변하기 때문에 잘 부스러지는 거야. 소금을 손으로 비비면 쉽게 부스러지는 것도 이 때문이야.

이온 결합 물질을 표현하는 법

이온의 화학식

양이온과 음이온의 결합은 정전기적인 인력에 의해 서로를 잡아당기면서 이루어져. 이렇게 만들어진 이온 결합 물질은 화학식으로 표현해.

이온으로 만들어진 물질은 수많은 양이온과 음이온이 규칙적으로 결합해 결정을 이루고 있어. 즉 독립적인 성질을 가진 분자로 이루어진 것이 아니야. 따라서 물질을 구성하는 이온의 개수를 모두 표현할 수는 없어. 대신 결합하고 있는 양이온과 음이온의 최소 정수비만을 나타낼 수밖에 없지.

예를 들어 염화 나트륨은 수많은 염화 이온과 나트륨 이온이 1:1 비율로 교대로 배열되어 만들어진 물질이야. 이렇게 이온이 많은 결정을 분자식으로 표현하려면 원소 기호 오른쪽 아래에 엄청나게 많은 숫자를 써줘야 할 거야. 그런 번거로움을 피하기 위해 이온 결합 물질은 간단히 이온의 비율만을 표시해서 화학식으로 나타내. 염화 나트륨은 염소 이온과

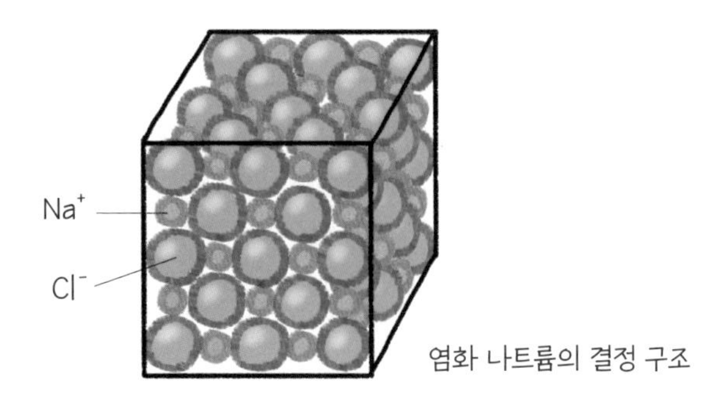

염화 나트륨의 결정 구조

나트륨 이온이 1:1의 비율로 있기 때문에 NaCl로 표현하지. 이것이 곧 염화 나트륨의 화학식이 되는 거야.

이온 결합 물질의 화학식을 만드는 규칙은 무엇일까? 화학식을 만들려면 우선 구성하는 이온의 개수비를 구해야 해. 개수비를 구하는 방법은 양이온과 음이온의 전하량을 합쳐서 0이 되도록 맞춰주면 돼. 왜냐하면 이온 결합 물질도 전기적으로 중성이기 때문이야.

이제 개수비를 알았다면 다음 순서대로 화학식을 써주면 돼. 첫째, 양이온의 원소 기호를 써준 뒤에 음이온의 원소 기호를 써준다. 둘째, 양이온과 음이온의 개수의 비를 각각의 원소 기호 오른쪽 아래에 작은 숫자로 써준다. 이때 1은 생략한다. 셋째, 다원자 이온이 여러 개일 경우에는 괄호로 묶어서 써준다.

참고로 우리말로 화학식을 읽을 때는 음이온을 먼저 읽고, 양이온을 나중에 읽어. 예를 들어 'NaCl'은 '염화 나트륨'이라고 읽는 거야.

이온 결합 화합물의 표현 단계

- 1단계: 양이온을 왼쪽에, 음이온을 오른쪽에 쓴다.(전하량을 알아야 함)

$$Na^{+} \quad Cl^{-} \quad / \quad Ca^{2+} \quad Cl^{-}$$

- 2단계: 숫자를 교차해 아래 첨자로 쓴다.(개수비로 바꾸는 과정)

$$Na^{①+} \times Cl^{①-} \qquad Ca^{②+} \times Cl^{①-}$$

- 3단계: 전하량 +, − 표시를 빼고 식을 붙여 쓴다.(단, 1은 생략한다.)

$$NaCl \qquad CaCl_2$$

양이온과 음이온이 1 : 1로 결합한 경우 화학식의 표현 예시

- 염화 나트륨 → Na^{+} : Cl^{-} = 1 : 1 → $NaCl$
- 염화 칼륨 → K^{+} : Cl^{-} = 1 : 1 → KCl
- 산화 칼슘 → Ca^{2+} : O^{2-} = 1 : 1 → CaO
- 산화 마그네슘 → Mg^{2+} : O^{2-} = 1 : 1 → MgO

양이온과 음이온이 다양한 비율로 결합한 경우 화학식의 표현 예시

- 염화 칼슘 → Ca^{2+} : Cl^{-} = 1 : 2 → $CaCl_2$
- 염화 마그네슘 → Mg^{2+} : Cl^{-} = 1 : 2 → $MgCl_2$
- 산화 나트륨 → Na^{+} : O^{2-} = 2 : 1 → Na_2O
- 산화 알루미늄 → Al^{3+} : O^{2-} = 2 : 3 → Al_2O_3

숨어 있는 이온을 찾아라

앙금 생성 반응

화학에서 앙금이란 양이온과 음이온이 결합해서 만들어지는 '물에 잘 녹지 않는 화합물'을 말해. 원래 이온 화합물 대부분은 물에 잘 녹아. 물 분자가 극성 물질이고, 이온들도 (+) 또는 (−) 전하를 띠는 물질이라 서로 잘 섞이기 때문이지. 하지만 어떤 이온들은 서로 만나면 물에 잘 녹지 않는 앙금을 만들어. 예를 들어 은 이온(Ag^+)은 할로젠 이온들(Cl^-, Br^-, I^-)과 만나면 앙금을 만들어서 특정한 색의 고체로 물속에 가라앉아.

염화 나트륨($NaCl$) 수용액과 질산 은($AgNO_3$) 수용액을 섞어 염화 은($AgCl$)이라는 흰색 앙금이 생기는 반응에 관해 살펴보자. 염화 나트륨 수용액 속에는 나트륨 이온(Na^+)과 염화 이온(Cl^-)이 있고, 질산 은 수용액 속에는 은 이온(Ag^+)과 질산 이온(NO_3^-)이 들어 있어. 두 수용액을 섞으면 양이온인 은 이온(Ag^+)과 음이온인 염화 이온(Cl^-)이 반응해서 염화 은($AgCl$)이라는 흰색 앙금을 생성해. 이때 나트륨 이온(Na^+)과 질

● 염화 나트륨 수용액과 질산 은 수용액의 앙금 생성 반응 모형

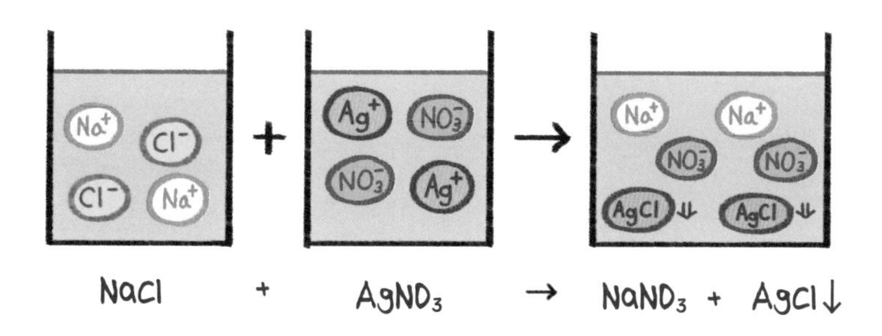

산 이온(NO_3^-)은 서로 반응하지 않고 이온 상태 그대로 있게 돼.

이때 은 이온(Ag^+)과 염화 이온(Cl^-)처럼 반응에 직접 참여한 이온을 '알짜 이온'이라고 하고, 나트륨 이온(Na^+)과 질산 이온(NO_3^-)처럼 반응에 참여하지 않는 이온을 '구경꾼 이온'이라고 불러.

이 반응의 전체 화학 반응식은 아래와 같이 써줄 수 있어. 참고로 염화 은 옆에 있는 아래쪽 화살표는 해당 물질이 앙금이 되어 가라앉는다는 의미로 사용해. 반대로 위쪽 화살표가 있다면 기체가 되어 날아간다는 뜻이지.

$$NaCl + AgNO_3 \rightarrow NaNO_3 + AgCl\downarrow$$

알짜 이온 반응식은 실제 반응에 참여한 이온만으로 써준 반응식을 말하는데, 위의 반응을 알짜 이온 반응식으로 써주면 다음과 같아.

$$Ag^+ + Cl^- \rightarrow AgCl\downarrow$$

그 밖에도 칼슘 이온(Ca^{2+})은 탄산 이온(CO_3^{2-})과 만나면 탄산 칼슘($CaCO_3$) 앙금을 만들고, 바륨 이온(Ba^{2+})은 황산 이온(SO_4^{2-})과 만나면 황산 바륨($BaSO_4$) 앙금을 만들어. 납 이온(Pb^{2+})도 아이오딘화 이온(I^-)을 만나면 아이오딘화 납(PbI_2)이라는 노란색 앙금을 만들지.

앙금 대부분은 고유의 색깔을 띠는데 보통은 흰색이 가장 많고, 아이오딘화 이온(I^-)이 들어가면 노란색, 황화 이온(S^{2-})이 들어가면 검은색 이온이 많이 생겨.

우리 주변에도 이온들이 굉장히 많기 때문에 종종 앙금 생성 반응을 관찰할 수 있어. 오래된 보일러 관 안에 탄산 칼슘($CaCO_3$) 앙금이 생겨 보일러 기능을 떨어뜨리기도 하고, 폐수 속에 있는 중금속들을 앙금 생성 반응으로 걸러내기도 하지.

대표적인 앙금 종류와 색깔

양이온 + 음이온 → 앙금 및 색깔
Ag^+(은 이온) + Cl^-(염화 이온) → $AgCl$(염화 은 : 흰색)
Ca^{2+} + CO_3^{2-}(탄산 이온) → $CaCO_3$(탄산 칼슘 : 흰색)
Ba^{2+}(바륨 이온) + SO_4^{2-}(황산 이온) → $BaSO_4$(황산 바륨 : 흰색)
Pb^{2+}(납 이온) + $2I^-$(아이오딘화 이온) → PbI_2(아이오딘화 납 : 노란색)

* 절대로 앙금을 만들지 않는 이온 3가지 : Na^+, K^+, NO_3^-

전기가 통하지 않는 물

전해질

재난 영화에서는 끊어진 전선이 물에 닿으면서 감전 사고를 당하는 장면이 자주 등장해. 또, 누구나 젖은 손으로 전기 코드를 만지면 안 된다는 사실을 잘 알고 있어. 이렇듯 우리는 '물은 전기가 아주 잘 통하는 물질'이라는 것을 당연하게 생각하고 있는지도 몰라.

하지만 순수한 물(H_2O)로만 이루어진 증류수는 전기가 통하지 않아. 전기가 통하려면 전자가 이동을 해야 하는데, 증류수 속에는 전자를 이동시킬 수 있는 물질이 없기 때문이야.

그런데 왜 우리는 물에 전기가 잘 통한다고 알고 있을까? 그 이유는 우리 주변에서 볼 수 있는 일반적인 물에 전기를 통하게 해주는 이온이 녹아 있기 때문이야. 물에 녹아서 전기를 통하게 만드는 물질을 '전해질'이라고 해.

전해질이 물에 녹으면 전해질을 이루는 이온들이 물속에서 이온화되

● 비전해질과 전해질

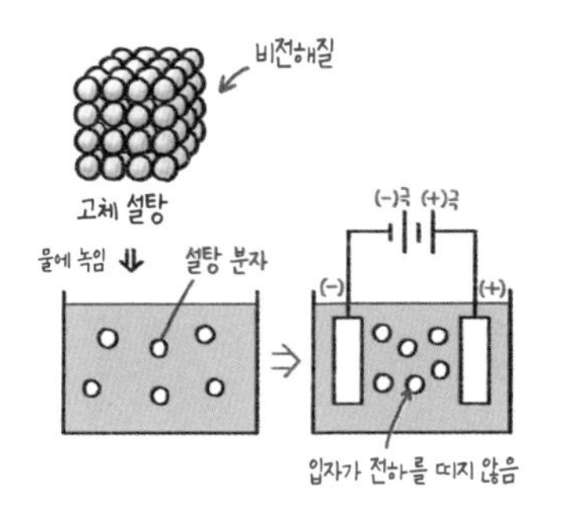

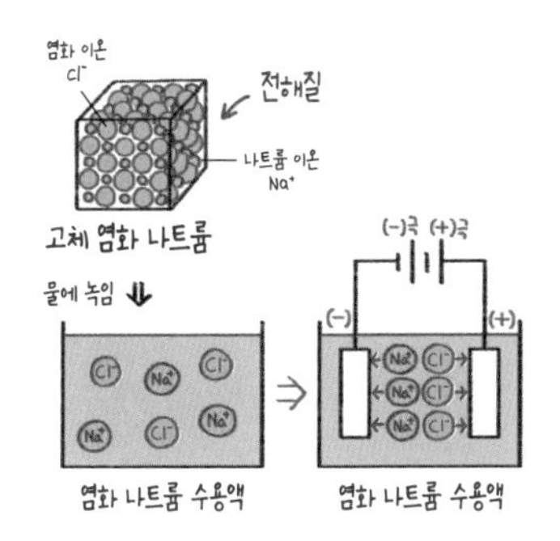

설탕과 같이 분자로 된 물질은 물에 녹아도 전기가 통하지 않는다.(비전해질)

소금과 같은 이온 결합 물질은 물에 녹아 이온이 되어 전자를 이동시킬 수 있으므로 전기가 통한다.(전해질)

면서 물속에 양이온과 음이온으로 존재하게 돼. 이것들이 전자를 이동하게 도와주는 역할을 하지. 정리하면, 전해질이란 물에서 이온화할 수 있는 이온 결합 화합물 정도로 생각하면 돼.

우리가 흔히 '물은 전기가 통한다.'라고 말할 때의 물은 순수한 물이 아니라 일상생활에서 접하는 일반적인 물을 말하는 거야. 즉 우리가 '물'이라고 부르는 물질은 그 속에 전류를 흐르게 만드는 이온들이 많이 녹아 있다는 사실을 제대로 알고 있어야 해. 참고로 물을 끓인 수증기를 다시 액체로 냉각하면 전해질이 사라진 순수한 증류수를 만들 수 있어.

누군가 "물은 전기가 통할까, 통하지 않을까?"라고 물어봤을 때, 그 물이 '증류수'를 말하는 것인지, 아니면 우리가 아는 '일반적인 물'을 말하는 것인지부터 물어보면 더 똑똑하게 대답할 수 있겠지?

원소 기호, 이온, 앙금은 이렇게 외워보자!

• 원소 기호 암기법

번호	1	2	3	4	5	6	7	8	9	10
기호	H	He	Li	Be	B	C	N	O	F	Ne
이름	수소	헬륨	리튬	베릴륨	붕소	탄소	질소	산소	플루오린	네온
암기법	수	헬	리	베	붕	탄	질	산	풀	래

번호	11	12	13	14	15	16	17	18	19	20
기호	Na	Mg	Al	Si	P	S	Cl	Ar	K	Ca
이름	나트륨	마그네슘	알루미늄	규소	인	황	염소	아르곤	칼륨	칼슘
암기법	나	만	알	지	팹	시	콜	라	칼륨	칼슘

원자 번호 1번부터 20번까지 앞 글자를 따서 이렇게 외워보자.

"수헬리베 / 붕탄질산 / 풀래 / 나만알지 / 펩시콜라 / 칼륨칼슘"

• 그 밖에 알아두면 좋은 원소들

원자 번호	원소 이름	원소 기호
26	철	Fe
29	구리	Cu
30	아연	Zn
35	브로민	Br
38	스트론튬	Sr
47	은	Ag

원자 번호	원소 이름	원소 기호
53	아이오딘	I
56	바륨	Ba
78	백금	Pt
79	금	Au
80	수은	Hg
82	납	Pb

• 이온 종류 암기법

몇 가지 이온들은 그 종류와 전하량까지 외우고 있으면 큰 도움이 돼. 대표적인 1^+, 2^+ 이온과 1^-, 2^- 이온들의 종류는 다음과 같아. 노래로 만들면 훨씬 쉽게 외울 수 있어.

어른(아재) 래퍼가 꼬마에게 하는 디스 랩으로 이온들을 함께 암기해 보자.

전하량	이온 종류
1+	나는 아재 허리케인~ Na^{+} Ag^{+} H^{+} Li^{+} K^{+}
2+	카페 마구 바꾸징~ Ca^{2+} Fe^{2+} Mg^{2+} Cu^{2+} Ba^{2+} Cu^{2+} Zn^{2+}
1-	너는 클 아이, 브로~ NO_3^{-} Cl^{-} I^{-} Br^{-}
2-	어서 커서 오너라~ O^{2-} S^{2-} CO_3^{2-} SO_4^{2-}

• 대표적인 네 가지 앙금 암기법

앙금을 만드는 이온은 종류가 꽤 많아서 다 외우기는 힘들어. 오히려 앙금을 전혀 만들지 않는 이온의 대표적인 종류를 알아두는 게 유용할 때가 많아. 어떤 이온을 만나도 전혀 앙금을 만들지 않는 이온은 네 가지가 있어. 나트륨 이온(Na^{+}), 칼륨 이온(K^{+}), 암모늄 이온(NH_4^{+}), 질산 이온(NO_3^{-})이야. 아래 암기법을 활용해 외워두면 두고두고 써먹을 수 있을 거야.

이번에는 앙금을 만드는 대표적인 이온들이야. 다 외우기 어렵다면 다음 4가지 앙금만이라도 꼭 기억해줘. 염화 은(AgCl), 탄산 칼슘($CaCO_3$), 황산 바륨($BaSO_4$), 아이오딘화 납(PbI_2)이 그 이온들이야. 아래는 이 이온들을 외우는 선생님만의 방법인데, 한번 따라 하면 바로 외워질 거야.

양이온	+	음이온	→	앙금	
Ag^{+}	+	Cl^{-}	→	$AgCl\downarrow$	→ 아저씨
Ca^{2+}	+	CO_3^{2-}	→	$CaCO_3\downarrow$	→ 카카오
Ba^{2+}	+	SO_4^{2-}	→	$BaSO_4\downarrow$	→ 바쏘?
Pb^{2+}	+	$2I^{-}$	→	$PbI_2\downarrow$	→ 피비린내

3장

주기율표

화학의 보물 지도

원소도 그룹이 있다

주기율표

원소들은 다양한 형태로 결합하고 분리되면서 우리 주변의 모든 물질을 구성하고 있어. 화학자들은 물질을 구성하는 기본 입자인 원소들을 하나둘씩 발견해 가면서, 이 원소들 사이에 분명 일정한 규칙이 있을 것이라 생각했어. 그래서 아무 관계도 없어 보이는 원소들을 비슷한 것끼리 그룹을 지어 나열해 보기 시작했지.

19세기 말 러시아의 과학자 멘델레예프는 원소들을 원자량 순서로 배열했을 때, 성질이 비슷한 원소가 주기적으로 나타나는 것을 발견하고 최초의 '주기율표'를 제시했어. 그리고 본인의 주기율표에 아직 발견되지 않은 원소들을 빈칸으로 남겨두었지. 그는 새로운 원소들이 그 자리를 채우게 될 것이라고 확신했어.

그 당시 많은 과학자가 63종 이외에 더 발견될 원소는 없다며 멘델레예프를 조롱했지만, 그의 예측을 증명하는 새로운 원소들이 속속 발견되면서 화학자들은 그에게 경의를 표했지. 주기율표는 화학사에서 가장 위대한 발견으로 후대 화학자들은 주기율표 101번 원소의 이름을 멘델레븀으로 지어주기도 했어.

그렇게 만들어진 주기율표는 현재 약 110여 종의 원소들로 채워져 있어. 기본적으로 세로줄은 '족', 가로줄은 '주기'가 되고, 이를 기준으로 원자 번호가 1번인 원소부터 차례대로 배열되어 있지.

원자 번호 순서에 따라 원자들을 가로로 나열하다 보면 주기적으로 화학적 성질이 비슷한 원소가 나타난다는 사실을 알 수 있어. 이렇게 비슷한 원소가 나오면 줄을 바꿔서 다시 나열했어. 그러다 보니 화학적 성질이 비슷한 원소들은 같은 세로줄에 모이게 되었어. 이것을 그룹이나 가족을 뜻하는 족(group. 族)이라고 이름 붙였지.

주기율표에는 물질을 구성하는 기본 입자들이 나열되어 있고, 화학적 성질이 비슷한 원소들끼리 묶여 정리되어 있기 때문에 화학에서 엄청나게 중요한 자료야. 화학이라는 모험을 떠나는 데 없어서는 안 될 보물지도라고 생각하면 이 중요성을 이해할 수 있겠지?

이번 장에서는 주기율표를 보는 법과 주기율표 속에 있는 족의 특징, 그리고 주기율표로 알아낼 수 있는 여러 가지 특성들에 대해서 살펴볼 거야. 흥미진진한 화학의 보물 지도를 따라가며 함께 여행을 떠나볼까?

주기율표

주기↓ \ 족→	1	2	3	4	5	6	7	8	9	10	11	12	13	14	15	16	17	18
1	1 H																	2 He
2	3 Li	4 Be											5 B	6 C	7 N	8 O	9 F	10 Ne
3	11 Na	12 Mg											13 Al	14 Si	15 P	16 S	17 Cl	18 Ar
4	19 K	20 Ca	21 Sc	22 Ti	23 V	24 Cr	25 Mn	26 Fe	27 Co	28 Ni	29 Cu	30 Zn	31 Ga	21 Ge	33 As	34 Se	35 Br	36 Kr
5	37 Rb	38 Sr	39 Y	40 Zr	41 Nb	42 Mo	43 Tc	44 Ru	45 Rh	46 Pd	47 Ag	48 Cd	49 In	50 Sn	51 Sb	52 Te	53 I	54 Xe
6	55 Cs	56 Ba	71 Lu	72 Ht	73 Ta	74 W	75 Re	76 Os	77 Ir	78 Pt	79 Au	80 Hg	81 Tl	82 Pb	83 Bi	84 Po	85 At	86 Rn
7	87 Fr	88 Ra	103 Lr	104 Rf	105 Db	106 Sg	107 Bh	108 Hs	109 Mt	110 Ds	111 Rg	112 Cn	113 Nh	114 Fl	115 Mc	116 Lv	117 Ts	118 Og

57 La	58 Ce	59 Pr	60 Nd	61 Pm	62 Sm	63 Eu	64 Gd	65 Tb	66 Dy	67 Ho	68 Er	69 Tm	70 Yb
89 Ac	90 Th	91 Pa	92 U	93 Np	94 Pu	95 Am	96 Cm	97 Bk	98 Cf	99 Es	100 Fm	101 Md	102 No

가로세로로 살펴보는 주기율표

주기와 족

원자는 원자핵과 전자로 구성되어 있어. 원자의 중심에는 원자핵이 있고 전자는 그 주위를 매우 빠른 속도로 돌고 있지. 원자핵 안에는 양성자가 있는데, 이 양성자의 수에 따라 원자의 종류가 결정돼. 그래서 각 원자가 가진 양성자의 개수를 그 원자의 번호로 정하게 되었어. 주기율표의 기본은 이 원자 번호 순서로 원자를 나열하는 거야.

그렇다면 주기율표에 있는 주기(period)와 족(group)이 의미하는 것은 무엇일까? 주기율표는 총 7주기, 18족으로 구성돼. 주기는 전자껍질의 개수가 같은 원소들을 원자 번호 순서에 따라 같은 가로줄에 오도록 배열한 것이고, 족은 '원자가 전자'의 개수가 같은 원소들을 원자 번호 순서에 따라 같은 세로줄에 오도록 배열한 거야.

따라서 주기는 원자에 있는 전자껍질의 개수를 의미해. 즉 주기가 바뀔 때마다 전자껍질이 하나씩 더 추가된다고 생각하면 돼. 앞서 배운 것처럼 전자껍질이란 원자에서 전자가 운동하는 에너지 궤도를 말해. 전자껍질의 수는 원자 반지름을 결정하는 중요한 요소야. 원자를 싸고 있는 전자껍질의 수가 많을수록 원자 반지름이 늘어나거든. 가장 바깥쪽 전자껍질에 있는 전자는 전자를 잃거나 얻으면서 화학 결합에 참여하게 되는데, 앞에서 이 전자를 원자가 전자라고 배웠어.

족은 가장 바깥쪽 전자껍질에 있는 원자가 전자의 개수를 의미해. 원자가 화학 반응을 할 때는 이 원자가 전자가 관여하기 때문에 원자가 전자의 수가 같은 원소들, 즉 같은 족의 원소들끼리는 화학적 성질이 비슷한 것이지.

정리하면, 주기율표는 전자껍질 수(주기)와 원자가 전자 수(족)를 고려하면서 양성자 수(원소 번호)의 순서대로 나열된 원자 세계의 자리 배치도야.

주기와 족

성질을 결정(같은 '족'은 비슷한 성질)

↓

족 : 가장 바깥쪽 껍질의 전자 수를 의미

1 2 ………… 13 14 15 16 17 18

1 2 3 4 5 6 7

↓ →같은 수의 껍질 (같은 주기)

비슷한 성질 (같은 족)

주기 : 전자껍질 수를 의미

↑

양파처럼 껍질이 늘어남

주기율표

원자들을 주기적 성질에 따라 원자 번호순으로 나열한 표

주기 : 전자껍질 수를 의미하며, 마치 양파처럼 전자껍질이 하나씩 늘어난다.

족 : 가장 바깥쪽 껍질의 전자 수를 의미하며, 이 원자가 전자의 전자 수가 원소의 성질을 결정한다.

원자 번호에 따른 원자가 전자 수의 변화

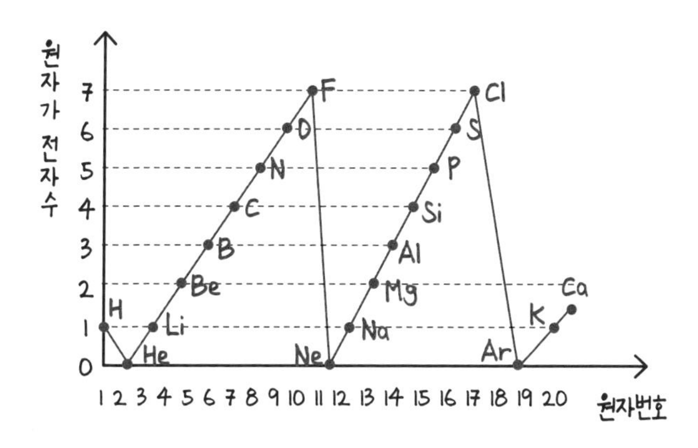

여긴 내 구역이야!

금속, 비금속, 준금속

주기율표에서 '금속'은 원자가 전자의 개수가 적어. 이 말은 전자를 잃어서 양이온이 되는 성질이 강한 원소라는 뜻이야. 주로 주기율표의 왼쪽과 가운데 칸에 위치해. '비금속'은 금속과 반대로 원자가 전자의 개수가 많아 전자를 얻고 음이온이 되는 성질이 강한 원소야. 주로 주기율표의 오른쪽에 위치해. 단, 수소는 비금속이지만 금속 자리인 주기율표의 왼쪽 맨 위에 있어.

주기율표에서 18족에 해당하는 원소들을 '비활성 기체'라고 해. 이들은 비금속이긴 하지만, 원자가 전자가 8개라서 전자를 잃거나 얻지 않아도 이미 안정된 전자 개수로 꽉 차 있는 상태야. 따라서 전자를 얻어 음이온이 되려는 성질이 없기 때문에 비금속성은 없어. 즉 18족은 비금속이지만 비금속 성질을 갖고 있지는 않은 것이지.

우리가 아는 금속은 광택이 있고, 전기와 열을 잘 전달하며 단단한

주기율표에서 원소의 분류

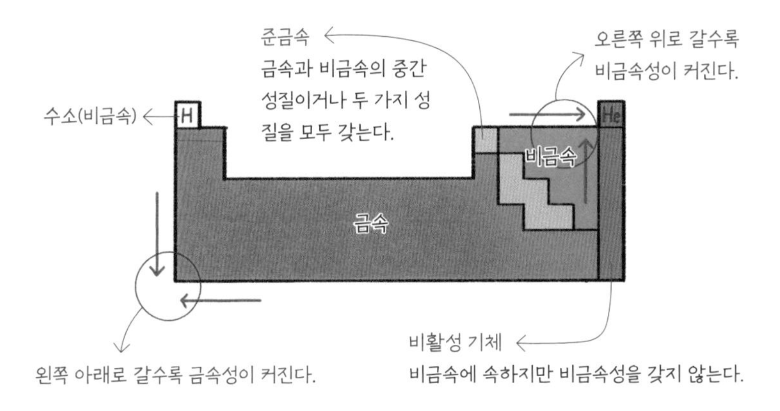

물질이야. 하지만 주기율표에서 금속의 성질은 '전자를 잘 잃어버리는 것'을 의미해. 원자가 자신의 전자를 잘 잃어버릴수록 금속성이 크다고 말해. 반대로 원자가 자신의 전자를 잘 얻을수록 비금속성이 크다고 말하지.

원자가 전자 수가 적을수록, 원자핵과 원자가 전자 사이의 거리가 멀수록 전자를 잃기 쉬워진다고 했어. 따라서 주기율표에서는 왼쪽 아래로 갈수록 금속성이 커지고, 오른쪽 위로 갈수록 비금속성이 커져. 같은 주기에서는 왼쪽으로 갈수록 원자가 전자의 수가 적어지고, 같은 족에서는 아래로 갈수록 전자껍질이 많아지기 때문이지.

하지만 주기율표의 모든 원소가 금속과 비금속으로만 나뉘지는 않아. 금속과 비금속 사이에는 중간 성질 또는 양쪽 모두의 성질을 갖는 준금속도 존재해. 이처럼 원소들은 금속, 비금속, 준금속으로 분류할 수 있고, 주기율표에서 자기들끼리 무리 지어 위치하고 있어.

원소계의 평화주의자

비활성 기체

원소계에 평화주의자가 있다면 그것은 바로 비활성 기체들일 거야. '비활성'이라는 말은 '반응성이 없다'라는 말이야. 비활성 기체는 주기율표에서 18족에 위치하고, 헬륨(He), 네온(Ne), 아르곤(Ar), 크립톤(Kr), 제논(Xe) 등으로 구성되어 있어. 어디선가 들어본 원소도 있고, 못 들어본 원소도 있을 거야.

비활성 기체는 실온에서 모두 기체 상태로 존재하고, 마지막 껍질에 전자가 꽉 차 있기 때문에 전자 배치가 매우 안정적이라서 다른 원소들과 거의 반응하지 않아. 수소(H)나 산소(O), 질소(N) 같은 원자들은 안정적인 전자 배치가 되기 위해서 H_2, O_2, N_2처럼 두 개의 원자가 결합한 상태로 존재하는데, 비활성 기체는 원자 하나로도 전자 배치가 안정적이므로 다른 원자와 결합하지 않고 혼자서 He, Ne, Ar 상태 그대로 존재하는 것이 특징이야.

● 주기율표에서 비활성 기체의 위치

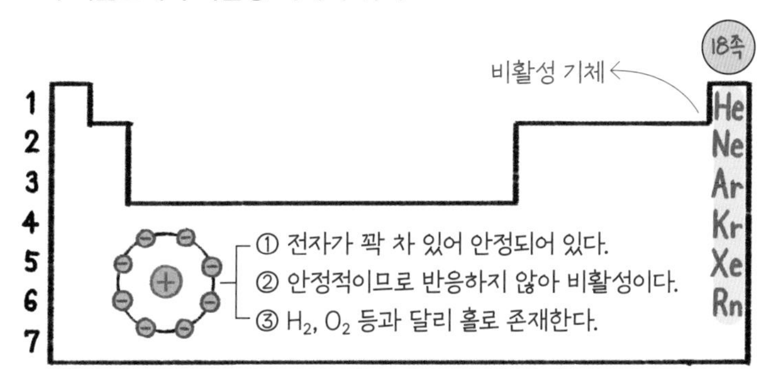

반응성이 없고 안정적이라고 했으니 변화도 잘 일어나지 않겠지? 예를 들어 불을 붙이면 폭발하는 수소 기체와는 달리 헬륨은 가벼우면서도 폭발성이 없기 때문에 안전하지. 이 덕분에 풍선에 넣는 기체 등으로 많이 활용되고 있어.

다른 원자들도 이런 비활성 기체의 안정된 전자 배치를 갖기를 원하기 때문에 전자를 잃거나 얻어서 어떻게든 비활성 기체의 전자 배치를 닮고 싶어 해. 하지만 아무리 주변에서 전자의 도발이 계속되어도 눈 하나 꿈쩍하지 않는 비활성 기체는 원소계의 진정한 평화주의자라 할 수 있을 거야.

원소계의 영원한 폭군

알칼리 금속

반응성이 거의 없는 비활성 기체와 반대로, 원소 중에서 반응성이 가장 큰 집단을 고르라면 단연 알칼리 금속들이야. 주기율표에서도 비활성 기체의 반대 위치인 1족에 있는 알칼리 금속들은 리튬(Li), 나트륨(Na), 칼륨(K), 루비듐(Rb) 등이 있어.(수소는 1족에 있지만 금속이 아니므로 제외) 이들은 물과 반응하면 수소 기체를 발생시키면서 수산화 이온(OH^-)을 물속에 남겨두기 때문에 매우 강한 염기성(알칼리성)을 나타내. 이러한 특징 때문에 알칼리 금속이라는 이름이 붙었어.

알칼리 금속의 반응성이 큰 이유는 그들이 가진 특별한 전자 때문이야. 알칼리 금속은 1족에 위치한다고 했지. '족'은 곧 '원자가 전자 수'를 의미한다고도 했어. 즉 모든 알칼리 금속은 원자가 전자를 1개 가지고 있다는 말이야. 원자가 전자가 1개인 이들은 전자 1개를 빨리 내보내고 안정된 전자 배치를 갖고 싶어 해. 이 마지막 1개의 전자만 없으면 가장 바

● 주기율표에서 알칼리 금속의 위치

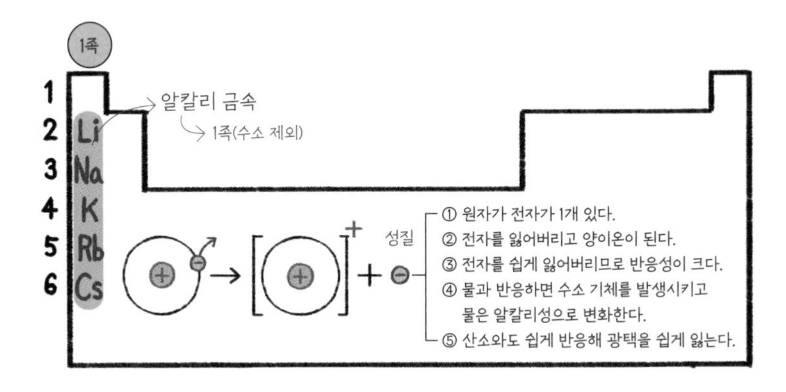

깥쪽 전자껍질은 사라지고 그 바로 안쪽 껍질이 전자로 꽉 찬 형태가 되면서 에너지적으로 안정화가 되거든.

그래서 이 1개의 전자를 무슨 수를 써서라도 빨리 내보내려 하는데, 그것이 다른 물질과의 격렬한 화학 반응으로 표출되는 거야. 그래서 알칼리 금속은 반응성이 크고, 특히 공기 중에 있는 산소나 물과 매우 반응을 잘하는 것으로 유명해.

알칼리 금속을 보관할 때는 산소와 물을 차단하는 게 매우 중요해. 산소나 물을 만나면 바로 반응해서 폭발하는 등의 큰 변화가 일어날 테니까 말이야. 따라서 보통 석유 같은 것에 넣어두고, 병에 담을 때는 뚜껑을 꽉 막아서 그늘진 곳에 보관하곤 해.

알칼리 금속의 반응성 크기는 원소마다 조금씩 다른데, 같은 족에서 아래로 갈수록(원자 번호가 증가할수록) 반응성이 커져. 이유는 아래로 갈수록 껍질 수가 증가하기 때문에 원자의 크기가 커지고, 가장 바깥쪽 원자가 전자가 원자핵으로부터 멀어져 더 쉽게 떨어지기 때문이야. 즉 반응성의 크기는 리튬 <나트륨 <칼륨 <루비듐 <세슘 순서로 커지게 돼.

알칼리 금속을 물에 넣으면 불꽃을 내면서 금속이 반응하고, 금속이 반응하면서 내놓는 전자를 받아 물에서 수소 기체가 발생해. 그러면서 물에는 수산화 이온(OH^-)이 남아 염기성으로 바뀌게 되지.

알칼리 금속은 산소와도 쉽게 반응하기 때문에 알칼리 금속을 자르면 잠시 반짝이는 광택을 내다가 금방 사라져 버려. 이것은 알칼리 금속이 공기 중의 산소와 빠르게 반응하면서 광택을 덮어버리기 때문이야. 원소계의 폭군이라 불릴 만하지?

원소계의 2인자

알칼리 토금속

알칼리 토금속은 주기율표에서 2족 원소인 베릴륨(Be), 마그네슘(Mg), 칼슘(Ca), 스트론튬(Sr) 등을 말해. 알칼리 금속보다는 반응성이 작지만, 비금속과 반응해서 전하량이 +2인 양이온이 되기 쉬워. 2족 원소들은 마지막 전자껍질의 전자(원자가 전자)가 2개 있는 전자 배치를 하고 있는데, 이 2개의 전자를 잃어버리면 비활성 기체와 같은 안정된 전자 배치를 갖게 돼.

가장 좋은 방법은 알칼리 토금속 주변에서 전자를 2개 더 필요로 하는 원자들과 화학 결합을 하는 거야. 알칼리 토금속은 자신에게 필요 없는 2개의 전자를 내어주고, 전자를 필요로 하는 다른 원자는 알칼리 토금속으로부터 2개의 전자를 받아서 안정화된다면 화학 결합을 망설일 필요가 없지.

비록 알칼리 금속보다는 반응성에서 밀리지만, 성질은 알칼리 금속

● 주기율표에서 알칼리 토금속의 위치

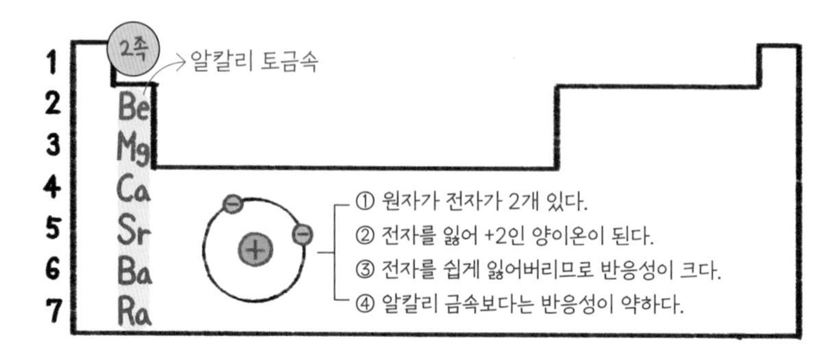

과 비슷하고 이름마저 비슷하지. 또 마그네슘과 칼슘 등은 굉장히 다양한 곳에 유용하게 쓰이는 원소이기도 해. 폭군에 가려진 2인자, 알칼리 토금속을 꼭 기억해 줘.

전자 하나만 주면 안 잡아먹지

할로젠

할로젠 원소는 주기율표에서 17족 원소인 플루오린(F), 염소(Cl), 브로민(Br), 아이오딘(I) 등을 말해. 할로젠 원소들은 원자가 전자를 7개 갖고 있어. 전자를 1개 내주고 안정한 전자 배치를 갖는 알칼리 금속과는 반대로, 할로젠 원소는 전자 1개만 얻으면 비활성 기체와 같은 안정된 전자 배치를 가질 수 있어.

따라서 할로젠 원소는 주변에 전자 1개가 나타나면 "Hello~! 어서 내게로 와!" 하면서 전자를 불러들여. 전자를 딱 1개만 얻으면 안정화될 수 있기 때문에 알칼리 금속만큼이나 간절하지. 할로젠 원소들 역시 전자를 빠르게 받아들이기 때문에 반응성이 매우 커. 특히 전자를 쉽게 내어주는 금속과 반응한다면 최고의 조합이라 할 수 있겠지. 할로젠은 전자를 1개 받기 때문에 −1의 음이온이 되기 쉬워.

할로젠 원소 중 하나인 염소(Cl_2) 기체는 자극성이 강한 황록색 가스

● 알칼리 금속만큼 반응을 잘하는 할로겐 원소

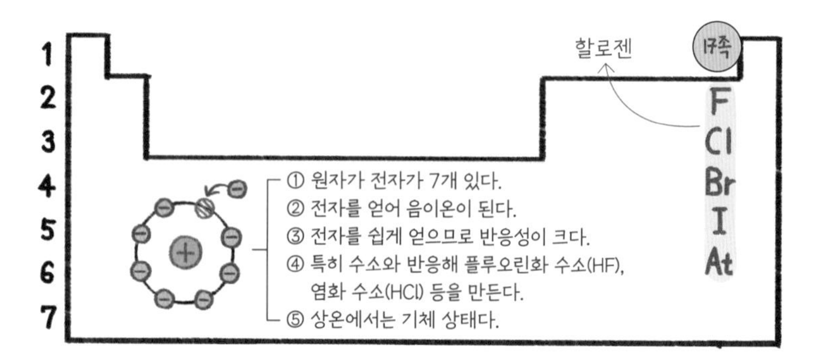

로, 제1차 세계대전에서는 살상용 독가스로 쓰이기도 했어. 지금은 수돗물과 오염수의 살균이나 표백 등에 많이 이용해. 이것들은 모두 반응성이 큰 할로겐이 우리 몸의 세포를 이루는 물질들과도 반응을 잘하는 특성을 이용한 거야.

원자핵과 전자의 사랑 이야기

유효 핵전하

사랑하는 사람과 떨어져 있어야 한다면 얼마나 마음이 아플까? 바로 원자핵과 전자의 이야기야. 원자핵은 (+) 전하를 가지고 있고, 전자는 (−) 전하를 가지고 있어 서로 잡아당기는 힘이 존재해. 이것을 전자가 느끼는 '핵전하'라고 해. 하지만 원자가 여러 개의 전자를 가지고 있다면 전자들은 서로 밀어내거나 다른 전자를 가리기도 하기 때문에 실제 핵전하에 차이가 생기거든. 이때 전자가 느끼는 실제 핵전하를 유효 핵전하라고 해.

예를 들어 수소 원자는 전자가 하나뿐이라 핵전하를 가리는 전자가 없으므로 유효 핵전하는 +1이야. 반면, 탄소 원자는 원자핵의 전하량이 +6이지만 안쪽 전자껍질의 전자 2개, 전자껍질의 전자 3개가 핵전하를 가리므로(가려막기 효과라고 해.) 유효 핵전하는 +6보다 작아.

이런 가려막기 효과를 고려하더라도, 유효 핵전하는 핵전하의 영향을 더 많이 받기 때문에 원자 번호가 증가할수록 유효 핵전하도 증가하는

● 유효 핵전하 정리

① 같은 주기에서 오른쪽으로 갈수록(원자 번호가 증가할수록) 커진다.

② 같은 족에서 아래로 갈수록(원자 번호가 증가할수록) 커진다.

③ 주기가 바뀔 경우, 전자껍질 수의 증가로 급격히 작아진다.

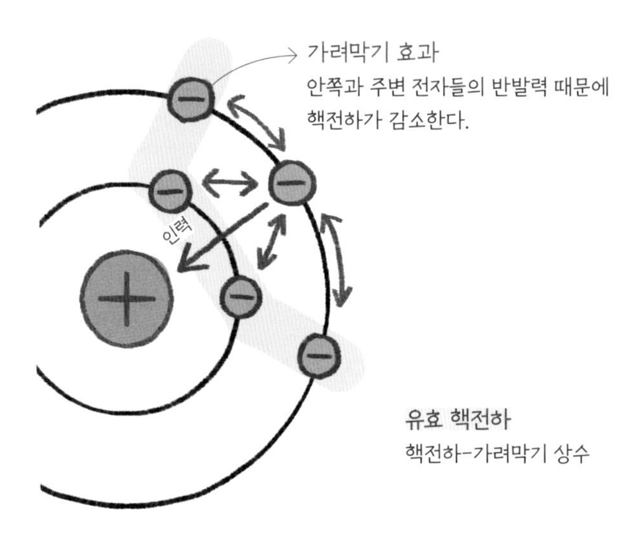

경향이 있어. 그래서 같은 주기에서는 오른쪽으로 갈수록, 같은 족에서는 아래로 갈수록 유효 핵전하가 증가하지. 다만 주기가 바뀔 때는 전자껍질 수가 증가해서 핵과 전자의 거리가 갑자기 멀어지기 때문에 유효 핵전하가 급격히 감소해.

도토리 키 재기

원자 반지름

'도토리 키 재기'라는 말을 들어봤을 거야. 물론 원자는 도토리보다 훨씬 더 작은 입자이지만, 원자의 세계에서도 크기의 차이는 있어. 사람 눈으로 볼 때는 '그놈이 그놈'인데 말이지.

원자 반지름은 원자를 구(공)라고 생각했을 때 구의 반지름을 말하는 거야. 원자 반지름이 크면 원자도 크고, 원자 반지름이 작으면 원자도 작아. 즉 원자 반지름을 원자의 크기라고 생각해도 무방해.

그런데 보통 원자들은 원자 1개가 홀로 존재하는 경우가 거의 없기 때문에 반지름을 재기가 매우 어려워. 그래서 같은 원자 2개가 결합한 핵간 거리를 2로 나눈 값을 원자 반지름으로 정하기로 했어. 물론 이 방법으로는 중첩되는 부분이 생기기 때문에 실제 구의 반지름보다는 좀 더 작아져.

그렇다면 원자 반지름도 주기성이 있을까? 물론 있지. 유효 핵전하

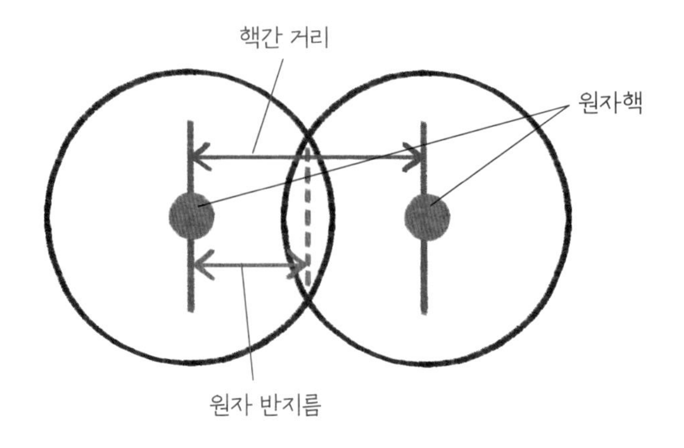

원자 반지름은 핵간 거리의 $\frac{1}{2}$ 이다.

가 클수록 핵이 전자를 잡아당기는 힘이 커지기 때문에 원자 반지름은 작아져. 그리고 전자껍질 수가 증가하면 핵과 전자 사이의 거리가 멀어지기 때문에 원자 반지름이 커지게 돼.

주기율표에서 같은 주기에 있는 원자들끼리는 전자껍질 수가 같지만, 원자 번호가 증가할수록(오른쪽으로 갈수록) 유효 핵전하가 커지므로 원자 반지름은 작아져. 같은 족에 있는 원자들은 원자 번호가 증가할수록(아래로 갈수록) 전자껍질 수가 증가하기 때문에 원자 반지름이 커지는 주기성을 보여.

원자 반지름의 주기성

같은 주기에서는 원자 번호가 커질수록 핵전하가 증가해 원자 반지름이 줄어들어.

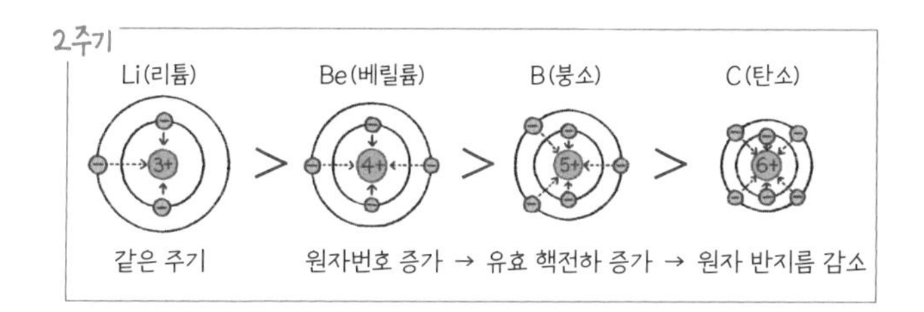

같은 족에서는 원자 번호가 커질수록 껍질 수가 증가해 원자 반지름이 커져.

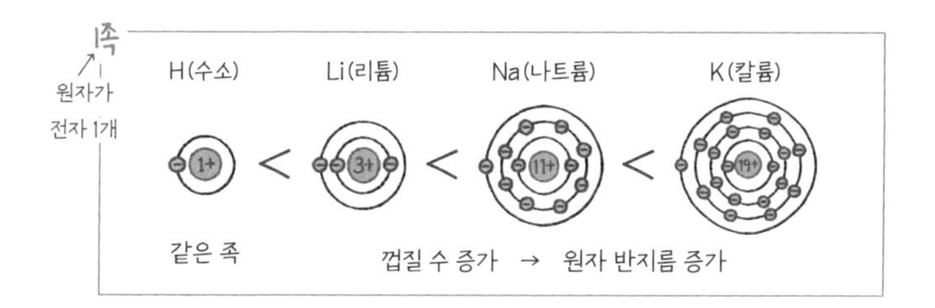

주기율표에서의 원자 반지름 비교

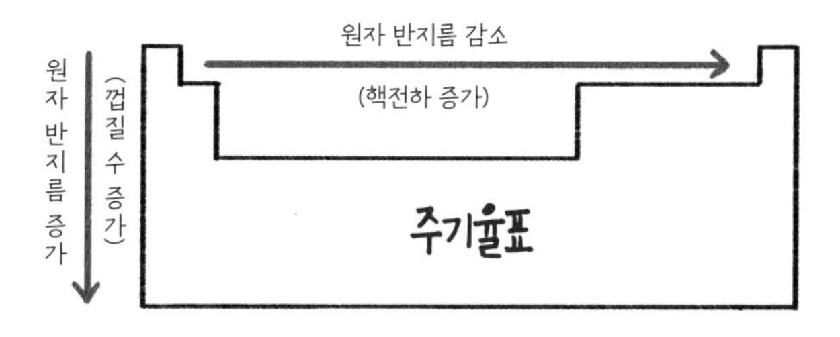

원자의 크기를 결정하는 것들

이온 반지름

그렇다면 이온의 반지름은 어떨까? 이온이 되기 전의 원자에 비해 더 작아질까? 아니면 더 커질까?

양이온은 전자를 잃어서 만들어지고, 음이온은 전자를 얻어서 만들어져. 전자를 잃고 양이온이 되면 전자껍질의 마지막에 있는 전자(원자가 전자)를 잃으면서 마지막 껍질 자체가 사라지니 이온 반지름은 작아지겠지. 마치 양파 껍질을 벗기면 그 크기가 작아지는 것처럼 말이야.

음이온이 될 때는 어떨까? 음이온은 전자껍질의 수는 그대로인데 전자 수만 늘어나는 거잖아. 구슬로 꽉 찬 고무 풍선에 구슬을 더 넣는다고 생각해 봐. 풍선의 크기는 처음보다 더 커지겠지? 마찬가지로 음이온이 될 때는 전자껍질의 변화 없이 전자 수만 늘어나지만, 늘어나는 전자들끼리 반발력이 커져서 이온 반지름도 약간 커져. 어때? 그렇게 어렵지 않지?

양이온이 될 때의 반지름

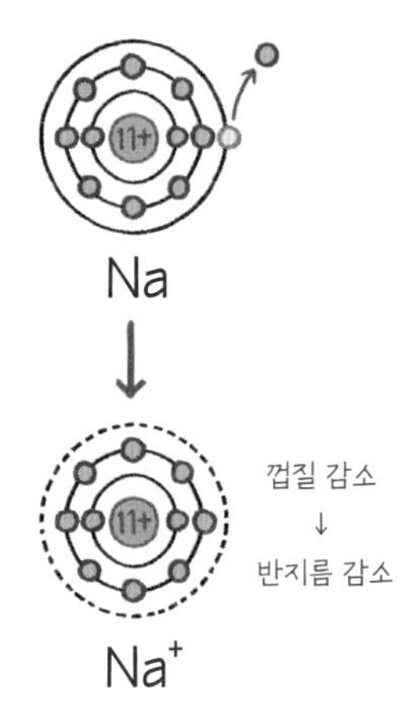

껍질 수 감소 → 반지름 감소

반지름

원자 양이온

원자에서 양이온이 되면
반지름이 감소한다.
(전자껍질 수 감소)

음이온이 될 때의 반지름

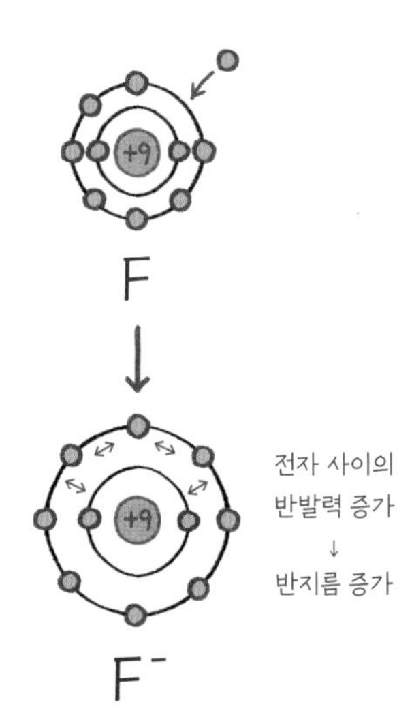

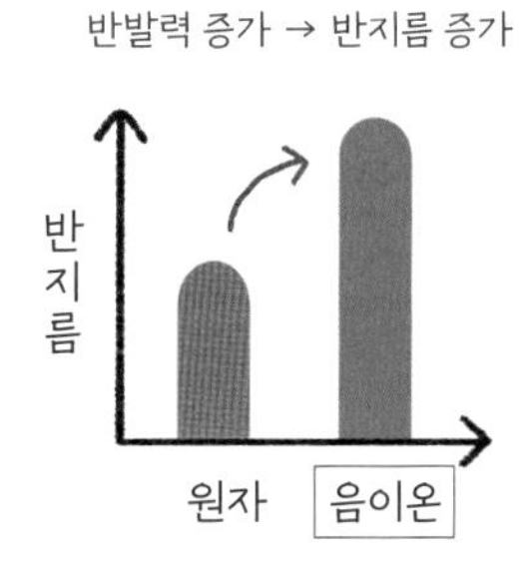

원자에서 음이온이 되면
반지름이 증가한다.
(전자 사이의 반발력 증가)

이번에는 이온 반지름의 주기성에 관해 생각해 보자. 같은 주기에서는 양이온과 음이온 모두 원자 번호가 커질수록 이온 반지름이 감소해. 원자 번호가 커지면서 유효 핵전하가 증가해 바깥의 전자들을 더 큰 힘으로 잡아당기기 때문이야. 같은 족에서는 어떨까? 같은 족에서는 양이온과 음이온 모두 원자 번호가 커질수록 이온 반지름이 증가해. 같은 족에서는 아래로 갈수록 전자껍질 수가 증가하기 때문이지.

이제 원자가 이온이 될 때 반지름의 크기가 어떻게 변하는지, 그리고 주기율표의 같은 주기와 같은 족에서 이온 반지름의 크기는 어떤 경향성을 보이는지 잘 알겠지?

원자와 전자의 이별 이야기

이온화 에너지

이온화 에너지란 기체 상태의 원자에서 전자 1개를 떼어낼 때 필요한 최소한의 에너지를 말해. 이온화 에너지가 작을수록 전자를 쉽게 떼어낼 수 있으므로 양이온이 되기 쉽다고도 할 수 있어. 예를 들어 나트륨(Na) 원자가 있다고 할 때, Na 원자로부터 전자를 떼어내 Na^{+}으로 만들기 위해 필요한 에너지가 바로 이온화 에너지가 되는 거지.

이온화 에너지는 대부분 원자의 반지름에 의해 결정돼. 예외는 있지만, 대체로 원자의 반지름이 커질수록 전자를 떼어내기 쉽기 때문에 이온화 에너지는 작아지지. 따라서 주기율표에서 왼쪽 아래로 갈수록 원자 반지름이 커지면서 이온화 에너지는 작아져.

2주기 원소들의 이온화 에너지를 비교해 보면, 오른쪽으로 갈수록(원자 번호가 커질수록) 이온화 에너지가 대체로 커지는 것을 알 수 있어. 이것은 같은 주기에서는 오른쪽으로 갈수록 유효 핵전하가 늘어나 원자 반지름이 대체로 작아지기 때문이야.

하지만 예외도 존재해. 베릴륨(Be)에서 붕소(B)로 갈 때와 질소(N)에서 산소(O)로 갈 때는 원자 반지름은 작아지지만, 오히려 이온화 에너지가 더 작아져. 그 이유는 붕소(B)와 산소(O)의 전자 배치를 오비탈로 나타내면 알 수 있는데, 자세한 내용은 바로 뒤에서 다루도록 할게.

'순차적 이온화 에너지'라는 것도 있어. 이것은 원자에서 전자를 1개씩 차례대로 떼어낼 때 각 단계마다 필요한 에너지를 말해. 첫 번째 전자를 떼어낼 때 필요한 에너지를 제1이온화 에너지(E_1), 두 번째 전자를 떼어낼 때 필요한 에너지는 제2이온화 에너지(E_2)라고 불러.

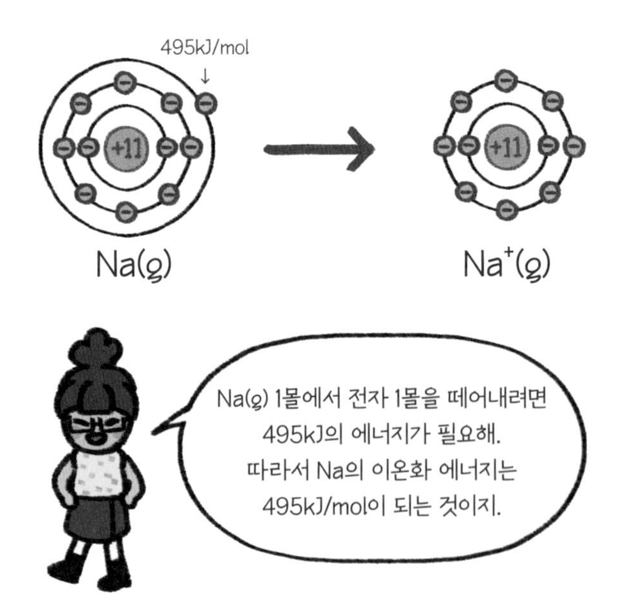

● 원소의 주기성과 이온화 에너지

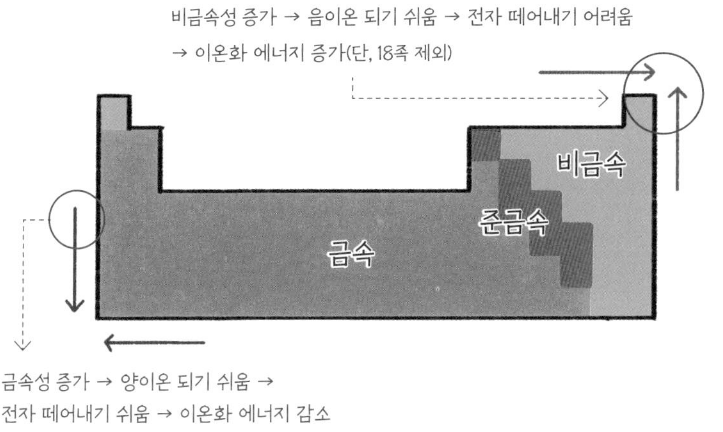

비금속성 증가 → 음이온 되기 쉬움 → 전자 떼어내기 어려움
→ 이온화 에너지 증가(단, 18족 제외)

비금속

준금속

금속

금속성 증가 → 양이온 되기 쉬움 →
전자 떼어내기 쉬움 → 이온화 에너지 감소

주기율표에서 이온화 에너지의 경향성

전자를 떼어낼수록 원자 반지름이 작아지므로 이온화 에너지는 점점 커진다는 사실을 알아둬. 한 가지 중요한 것은, 에너지를 측정했을 때 에너지의 폭이 큰 구간이 생기는 경우 '껍질이 바뀌었다'라는 것을 의미한다는 점이야.

예를 들어 마그네슘(Mg)의 경우 E_2에서 E_3로 넘어갈 때 에너지 폭이 큰데, 이것으로 마그네슘이 2족 원소라는 것을 추측할 수 있는 거지. 이처럼 순차적 이온화 에너지는 '족'을 알아내는 데 유용하게 쓰인다는 것을 기억해 줘.

이온화 에너지의 예외성

방금 이온화 에너지에 관해 배웠는데, 꼭 알아야 할 부분이 있어 짚고 넘어가 보려고 해. 같은 주기에서는 원자 번호가 커질수록 원자가 전자가 느끼는 유효 핵전하가 증가하므로 이온화 에너지가 커지지만, 전자 배치의 특성 때문에 2족과 13족, 15족과 16족에서는 예외적인 경향이 나타나.

먼저 2족에서 13족으로 갈 때. 에너지가 높은 *p* 오비탈에 전자가 있는 13족 원소인 붕소(B)는 에너지가 낮은 *s* 오비탈에 전자가 있는 2족 원소인 베릴륨(Be)보다 전자를 떼어내기 쉽다는 특징이 있어.

그다음 15족에서 16족으로 갈 때. 16족 원소인 산소(O)는 p 오비탈에서 쌍을 이룬 전자 사이의 반발력 때문에 홀전자만 있는 15족 원소인 질소(N)보다 전자를 떼어내기 쉬워.

2족과 13족, 15족과 16족은 두 경우 모두 전자를 떼어내기 쉬워진다는 경향이 있지만, 그 원인은 다르다는 점을 기억해 두길 바라.

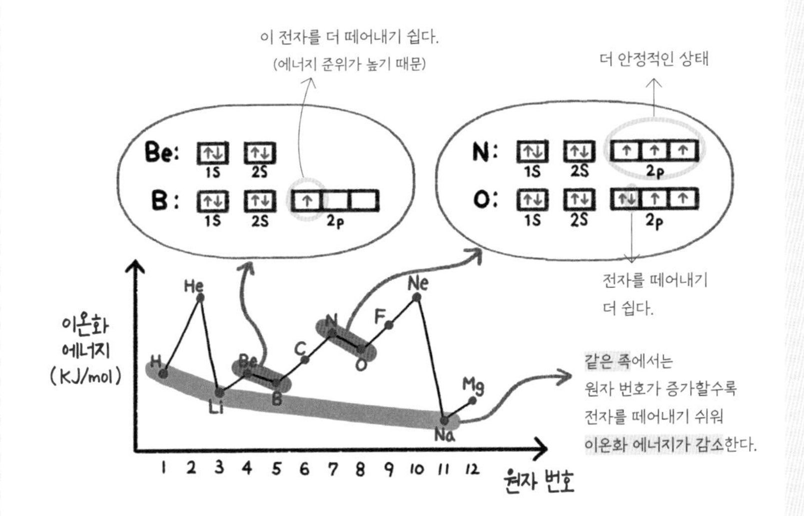

• 이온화 에너지의 특징 정리

① 같은 주기에서 원자 번호가 커질수록 증가한다.

② 같은 족에서 원자 번호가 커질수록 감소한다.

③ 단, 예외적으로 베릴륨(Be)에서 붕소(B)로 갈 때와(2*s*보다 2*p* 전자가 떼어내기 더 쉽다.) 질소(N)에서 산소(O)로 갈 때는 감소한다.(홀전자 3개인 질소가 더 안정적이기 때문이다.)

4장

물질의 상태

딱딱하거나, 흐르거나, 퍼지거나

물질의 세 가지 얼굴

고체, 액체, 기체

물질에는 고체, 액체, 기체의 세 가지 상태가 있어. 고체는 단단하고, 액체는 흐르는 성질이 있으며, 기체는 우리 눈에 보이지 않을 정도로 멀리 떨어져 운동하고 있지. 이들은 무엇 때문에 이렇게 다른 모양을 하고 있을까?

같은 물질이라면 고체, 액체, 기체를 이루는 기본 입자는 똑같아. 예를 들어 양초를 녹여 액체를 만들고, 더 가열해서 기체를 만들었다고 해 보자. 이때 양초를 이루는 입자, 액체 양초의 입자, 기체로 날아간 양초 입자는 그 크기와 종류가 똑같은 물질이야. 변한 것은 단지 양초 입자 사이의 거리와 운동에너지일 뿐이지.

입자에 초점을 맞춰 설명하면 고체는 입자들이 매우 밀집되어 있고 배열이 규칙적이야. 액체 입자들은 고체보다는 비교적 떨어져 있으며 고정되어 있지 않고, 배열도 조금 흐트러져 있지. 기체 입자는 액체보다도 입자 사이의 거리가 매우 멀리 떨어져 있고, 자유롭게 운동하면서 입자 배열 역시 매우 불규칙적인 편이야. 즉 고체, 액체, 기체는 물질을 이루고 있는 입자들의 배열에 따라 결정되는 물질의 상태일 뿐, 그 물질을 이루는 입자 자체는 크기나 모양이 바뀌지 않는다는 것에 주의해야 해.

고체, 액체, 기체는 열에너지를 흡수하거나 방출하면서 상태가 바뀌어. 물질을 이루는 수많은 입자들은 각자 운동할 수 있는 에너지를 가지고 있지. 에너지가 작을수록 입자는 움직임이 적어지고, 에너지가 클수록 입자의 움직임이 많아져.

고체에 열에너지를 가하면 입자들은 열에너지를 흡수해서 운동에너지가 점점 커지고, 커진 운동에너지만큼 활발하게 움직여. 이 에너지가 고체 상태를 유지하던 입자 간의 인력을 이겨내고 입자 사이의 거리를 멀리 떨어뜨리면서 고체에서 액체로 상태가 변하게 되는 거야.

액체에서 기체로 상태가 변하는 것도 마찬가지야. 열에너지를 흡수해서 액체 입자 사이를 잡아당기고 있는 힘을 이겨내면 비로소 자유롭게 날아다니는 기체가 되는 것이지.

반대로 기체가 액체로 변할 때는 열에너지를 밖으로 방출하면서 입자의 운동이 감소해 액체가 돼. 액체에서 고체로 변할 때도 열에너지를 방출해 고체가 되는 거야. 즉 상태 변화에는 열에너지가 관여해. 이처럼 흡수하거나 방출하는 열에너지를 이용해 고체, 액체, 기체로 상태가 변할 수 있다는 사실을 잊지 말아줘.

샨쌤의 스케치북 화학

물질의 세 가지 상태

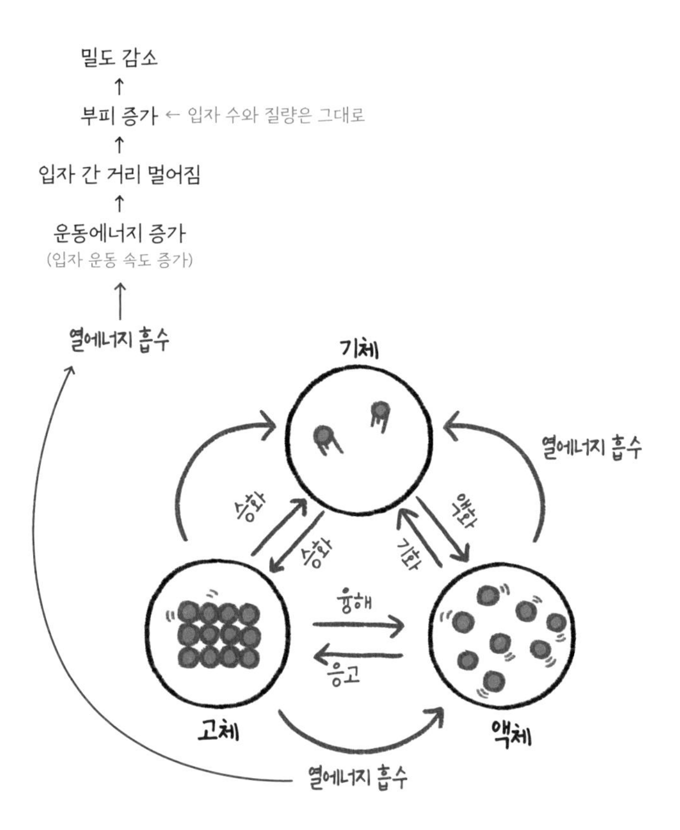

액체에서 기체로 변신!

끓는점

혹시 불 켜진 가스레인지 위에 찌개를 올려뒀다가 냄비를 다 태워 먹었던 적 있니? 온 집 안이 뿌연 연기와 탄 냄새로 가득하고, 자칫하면 큰 사고로 이어질 수도 있는 위험한 일이지. 그런데 냄비 안에 있던 물은 어디로 날아간 것일까? 맞아. 액체 상태의 물은 열에너지를 받아서 기체 상태인 수증기로 변해 날아간 거야.

한 가지 기억해야 할 사실은 액체가 기체로 상태가 변하는 동안에는 온도가 일정하게 유지된다는 점이야. 이처럼 액체 물질이 끓는 동안 일정하게 유지되는 온도를 끓는점이라고 해. 그런데 왜 끓는점에서는 온도가 변하지 않고 유지될까?

액체 상태인 물질에 열을 가하면 입자들은 열을 흡수하기 시작해. 흡수한 열을 이용해 입자의 운동에너지가 커지고 서서히 온도가 증가하지. 그러다가 액체 입자 사이의 인력을 끊어내고 기체가 되면 흡수하는 열에

● 액체의 가열 곡선

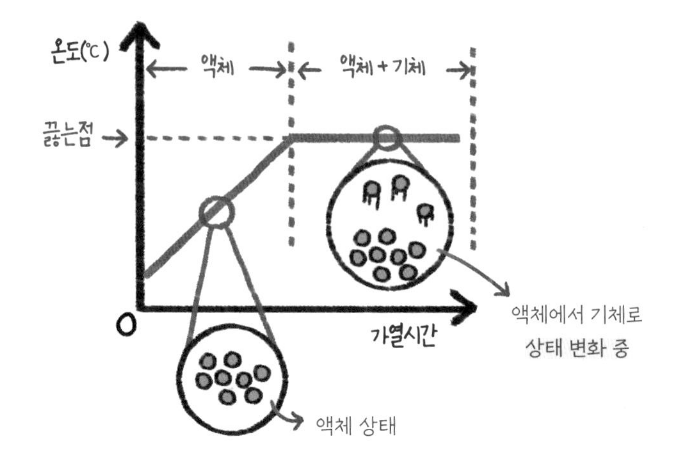

너지는 입자 사이의 인력을 끊어내고 상태를 변화시키는 데만 사용돼. 따라서 온도가 더는 증가하지 않고 일정하게 유지되는 거야. 마침내 액체가 기체로 전부 바뀌면 상태를 바꾸는 데 쓰였던 열이 다시 온도를 올리는 데 쓰이는 것이지.

끓는점은 물질의 종류에 따라 달라. 그 이유는 물질을 이루는 입자 사이의 인력이 저마다 다르기 때문이야. 입자 사이의 인력이 강할수록 입자 사이의 인력을 이겨내고 기체가 되는 데 더 많은 에너지가 필요하므로 끓는점이 높지. 그렇다면 같은 물질이라도 끓는점이 다를까?

그렇지 않아. 물론 양이 많으면 끓는점에 늦게 도달하겠지만, 끓는점에 도달하는 온도는 똑같아.

끓는점은 외부 압력의 영향도 받아. 외부 압력이 높아지면 끓는점이

● 물질의 종류와 양에 따른 끓는점의 관계

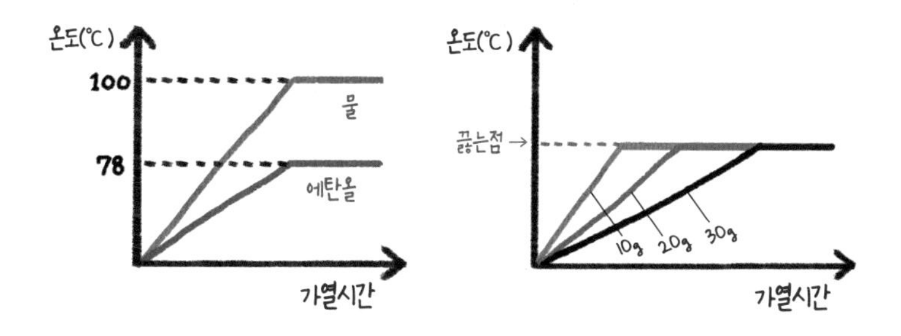

① 같은 물질이면 양과 관계없이 끓는점은 같다.
② 양이 많을수록 끓는점에 도달하는 시간은 더 오래 걸린다.

높아지고, 외부 압력이 낮아지면 끓는점이 낮아져. 액체가 기체로 날아가려면 액체인 분자들이 외부의 압력을 이겨내야 해. 그래야 기체가 되어 공기 중으로 날아갈 수 있지. 외부 압력이 크다면 그 압력을 이겨내기 위한 입자의 운동에너지가 더 커져야 하고, 더 많은 열에너지를 흡수해야 하니까 끓는점도 높아지게 돼.

높은 산에서 밥을 하면 쌀이 설익는다는 말을 들어봤을 거야. 높은 산에서는 기압이 낮으므로 물의 끓는점이 낮아져 쌀이 익을 만큼 충분히 높은 온도에 도달하지 못하기 때문이야. 반대로 압력솥으로 밥을 하면 밥이 빨리 익어. 그 이유는 압력솥 내부의 수증기가 밖으로 빠져나가지 못하므로 압력이 높아져 물이 100℃보다 높은 온도에서 끓기 때문이야.

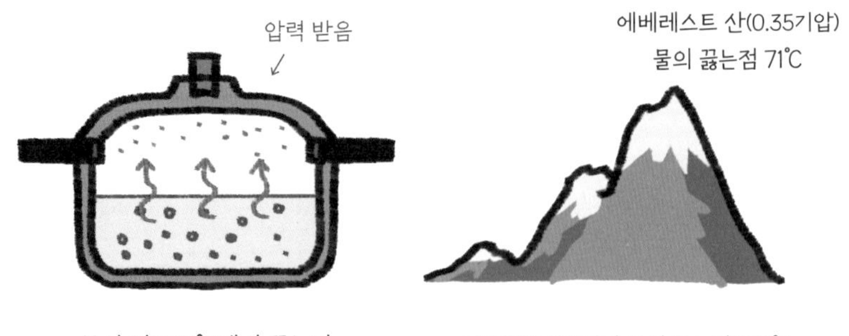

끓는점과 마찬가지로 고체가 액체로 녹을 때의 온도, 액체가 고체로 얼 때의 온도도 일정하게 유지돼. 이것을 각각 녹는점, 어는점이라고 해. 녹는점과 어는점 역시 물질의 인력에 따라 정해지는 값이기 때문에 물질마다 다르지. 고체가 액체로 변할 때의 온도와 액체가 고체로 변할 때의 온도는 같기 때문에 순수한 물질이라면 녹는점과 어는점은 같아.

어떤 물질이 어는점(녹는점)보다 낮은 온도에 있으면 그 물질은 고체 상태이고, 어는점(녹는점)과 끓는점 사이에 있으면 액체 상태, 끓는점보다 높은 온도에 있으면 기체 상태로 존재하게 돼.

보통 우리가 주변에서 보는 금속들은 대부분 고체 상태로 존재해. 철이나 구리, 알루미늄 등을 떠올리면 쉽게 이해할 수 있을 거야. 그런데 금속 중에는 상온(25℃)에서 액체 상태인 것이 있어. 그 금속이 바로 수은(Hg)이야. 수은은 일상생활에서 체온계, 기압계, 혈압계, 형광등, 수은 전지, 치과용 아말감 등으로 많이 사용되는 금속이야.

그렇다면 수은은 왜 다른 금속과는 다르게 상온에서 액체 상태일까?

위에서 말했듯이 어떤 물질이 녹는점보다 높은 온도에 있다면, 그 물질은 액체 상태로 존재해. 금속 대부분은 녹는점이 매우 높아서 상온에서 고체로 존재하지만, 수은의 녹는점은 상온(25℃)보다 낮은 −38.83℃야. 녹는점이 상온보다 낮기 때문에 수은은 상온에서 액체 상태로 존재하는 것이지. 수은이 자연에서 다른 금속처럼 고체 상태로 존재하려면 −38.83℃보다 추운 곳에 있어야 해.

우리가 알고 있는 기체 대부분은 끓는점이 상온(25℃)보다 훨씬 낮아서 기체 상태로 존재할 수 있는 거야. 이처럼 물질의 녹는점(어는점)과 끓는점에 따라서 완전히 다른 상태로 존재할 수 있다는 사실이 참 신기하고 재미있지?

쏜쌤의 스케치북 화학

끓는점에 영향을 주는 요인

① 분자 사이의 인력

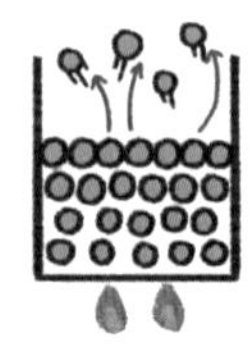

분자 사이의 인력이 약함
↓
적은 열로도 쉽게 날아감
↓
끓는점 낮음

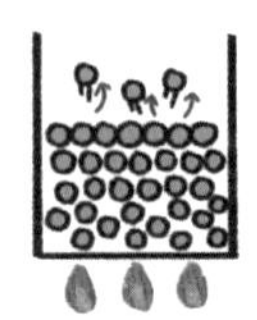

분자 사이의 인력이 강함
↓
많은 열이 있어야 날아감
↓
끓는점 높음

② 외부 압력(같은 물질일 경우)

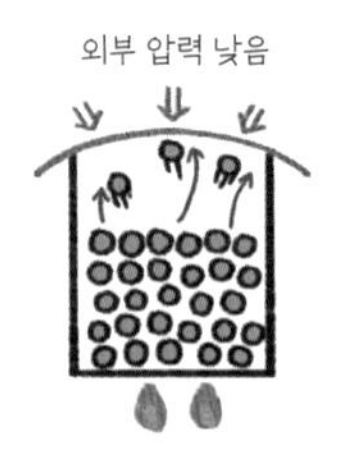

외부 압력이 낮음
↓
쉽게 날아감
↓
끓는점 낮아짐

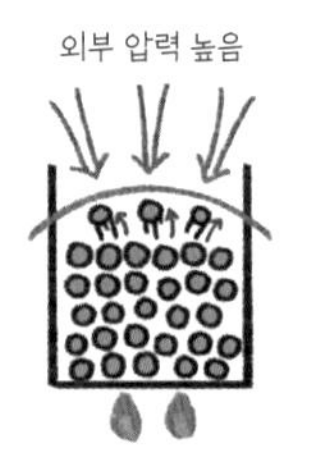

외부 압력이 높음
↓
쉽게 날아가지 않음
↓
끓는점 높아짐

그래프로 보는 물질의 상태

상평형 그래프

모든 물질은 특정한 온도와 압력에서 각각 고유한 상태 특성이 있어. 형태는 유사하다 할지라도 구체적인 온도와 압력에 따른 정확한 상태는 각 물질마다 다르다는 뜻이지. 이는 물질을 이루는 분자의 상호작용이 각 물질의 고유한 특성에 따라 다르기 때문이야. 이를 나타내기 위해 물질별로 어떤 온도와 압력에서 어떤 상태로 존재하는지를 그래프로 표현하는데, 이 그래프를 '상평형 그래프'라고 해.

굳이 평형이라는 말을 써서 상평형 그래프라고 이야기하는 것은 그래프에서 표시된 선이 바로 '상의 평형'을 의미하기 때문이야. 평형이란 균형을 이루고 있다는 말이지. 기체와 액체 사이의 선은 기체와 액체가, 액체와 고체 사이의 선은 액체와 고체가 공존하는 압력과 온도를 의미해. 세 상태(고체, 액체, 기체)가 모두 존재할 수 있는 곳은 세 가지 선이 만나는 점인 삼중점이라고 불러.

상평형은 일상에서도 쉽게 관찰할 수 있어. 물을 끓일 때를 생각해 보자. 대기압(1기압) 조건에서 물은 100℃가 되면 끓기 시작하면서 기체로 변해. 이때 냄비에는 물도 존재하고 수증기로 변한 기체도 함께 존재하지. 물이 액체와 기체 상태로 공존하고 있는 거야. 한동안은 계속 물을 가열해도 100℃가 유지되면서 물이 액체와 기체 사이에서 평형을 이루는 현상을 관찰할 수 있지.

이번에는 얼음 위에서 스케이트를 타는 모습을 상상해 봐. 스케이트 날은 얼음에 압력을 가할 것이고, 높은 압력을 받은 부분은 얼음이 녹기 시작해. 스케이트장에서 중간에 쉬는 시간이 있는 이유는 이렇게 녹은 얼음을 다시 얼리기 위해서야. 물론 얼음과 물처럼 모든 물질에 압력을 가한다고 고체가 액체로 변하지는 않아. 오히려 대부분의 물질은 고체에 압력을 가해도 액체로 변하지 않지.

139쪽 물의 상평형 그래프를 보면, 고체와 액체의 평형 곡선(융해곡선)이 음의 기울기를 가지는 것을 볼 수 있어. 드라이아이스의 상평형 그래프와는 다르지? 얼음은 압력이 높아지면 물로 변하지만, 드라이아이스는 압력을 아무리 높여도 액체가 되지는 않아.

상평형 그래프로 어떤 온도와 압력에서 이 물질이 고체인지, 액체인지, 기체인지 알 수 있고, 고체와 액체가 함께 공존하는 녹는점(어는점)이나 액체와 기체가 함께 공존하는 끓는점의 온도도 알 수 있어.

물과 드라이아이스의 상평형 그래프

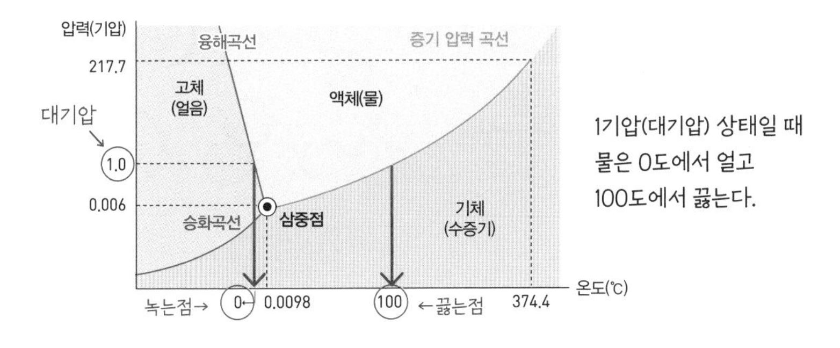

물의 상평형 그래프

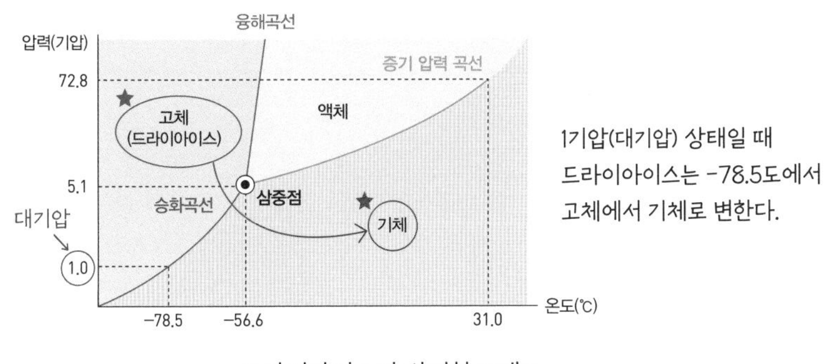

드라이아이스의 상평형 그래프

왜 드라이아이스는 녹지 않고 사라지는 걸까?

아이스크림 전문점에서 아이스크림을 포장해 줄 때 아이스크림이 녹는 것을 막기 위해 드라이아이스를 넣어주기도 해. 드라이아이스가 뭐길래 아이스크림이 녹는 것을 막아주는 것일까? 드라이아이스는 '이산화탄소'를 얼려서 만든 고체 물질이야. 물질마다 어는점이 정해져 있는데,

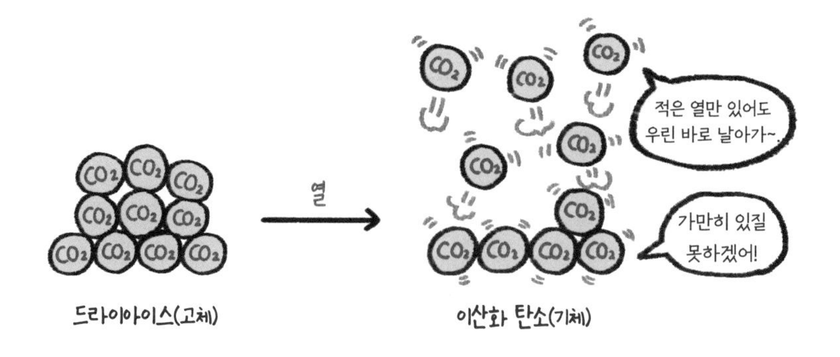

이산화 탄소의 어는점은 1기압에서 −78.5℃야. 이산화 탄소를 얼린 고체 드라이아이스는 −78.5℃보다 더 차갑다는 말이지. 그 덕분에 드라이아이스와 함께 있는 냉동 제품이 녹는 것을 막아줄 수 있는 거야.

그런데 드라이아이스는 실온에 가만히 놓아두면 액체로 녹지 않고 바로 기체로 변하는 것을 관찰할 수 있어. 보통 물질들은 온도가 올라가면서 고체, 액체, 기체의 상태를 모두 거치는데, 드라이아이스는 액체로 녹지 않고 바로 기체로 변해.

그 이유는 저온 상태의 1기압에서 인력에 의해 서로 강하게 고정된 이산화 탄소 분자들은 에너지를 가지면 아예 거리를 확 벌려서 멀어져 버리기 때문이야. 액체 정도의 작은 유동성만 가지도록 이산화 탄소 분자를 붙잡아 두기에는 대기압(1기압) 조건의 압력이 너무 약한 것이지.

따라서 드라이아이스가 고체에서 액체로 변하는 모습을 보려면 최소 5.1기압 이상의 압력 조건이 필요해. 참고로 드라이아이스처럼 대기압에서 고체에서 기체로만 상태가 변하는 물질을 '승화성 물질'이라고 해.

눈에 보이지 않는 기체의 존재감

기체의 질량과 압력

기체는 무엇으로 이루어져 있을까? 기체도 질량이 있을까? 기체는 우리 눈에 보이지 않기 때문에 무엇으로 어떻게 이루어져 있는지 도무지 상상이 가지 않을지도 몰라.

물질을 이루고 있는 가장 작은 입자는 원자이고, 이런 원자들이 모여서 분자가 되지. 우리가 알고 있는 기체들은 분자 형태로 이루어진 것들이야. 예를 들어 산소 기체는 산소 원자(O) 2개가 만나서 이루어진 산소 분자(O_2)이고, 수소 기체는 수소 원자(H) 2개가 만나서 이루어진 수소 분자(H_2)의 형태로 존재해.

원자나 분자는 매우 작아서 우리 눈에 보이지 않지만 엄연히 입자이기 때문에 질량이 존재해. 따라서 기체도 입자 하나하나의 질량이 있고, 그 공간 안에서 운동하는 모든 기체의 질량을 더하면 전체 기체의 질량도 구할 수 있을 거야. 따라서 기체 분자들은 분명히 입자의 형태로 존재하

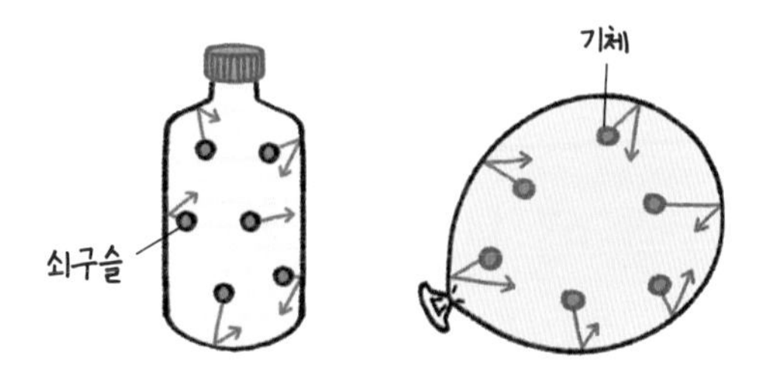

질량을 가진 쇠구슬이 벽면에 충돌하면 압력이 가해지는 것처럼,
기체 입자도 벽면에 닿으면서 압력이 일어난다.

고, 질량을 가지고 있으면서, 끊임없이 빠르게 운동하고 있는 상태의 물질이라고 할 수 있어.

손가락을 연필로 찌르면 아프지? 손가락이 받은 감각처럼 어떤 면적당 가해지는 힘을 압력이라고 해. 연필의 뾰족한 부분으로 찌르면 더 아픈 이유는 압력이 접촉하는 면적의 크기에 반비례하기 때문이야. 즉 같은 힘으로 누르더라도 닿는 면적이 작을수록 압력이 커진다는 말이야.

그렇다면 눈에 보이지 않는 기체도 압력을 일으킬 수 있을까? 기체는 일정한 모양과 부피가 없기 때문에 닫힌 공간 안에서 불규칙한 방향으로 자유롭게 운동하며 그 공간을 모두 균일하게 채워. 따라서 기체가 갇혀 있는 공간의 크기가 곧 그 기체의 부피가 돼.

압력은 단위 면적당 주어지는 힘을 말해. 용기 안에 있는 기체 입자들은 끊임없이 운동하면서 용기 벽에 힘을 가하므로 이 힘이 바로 기체의 압력이 되는 거야. 만약 기체의 양이 많아지거나 더 빠르게 운동해서 벽에 더 많이 충돌하면 기체의 압력도 커지게 돼.

이상한 기체라는 뜻이 아니야

이상기체

기체 입자는 서로 멀리 떨어져서 매우 빠르고 불규칙하게 운동하고 있어. 이런 기체의 운동을 설명하기 위해 몇 가지 가정을 했어. 이 가정을 만족하는 기체를 '이상기체'라고 해. 실제 기체들은 그 종류도 너무 많고, 종류에 따라 온도와 압력의 영향도 각자 다르게 받기 때문에 일정한 법칙을 만들기가 어렵거든. 그래서 '이상기체'라는 이상적인 기체를 가정한 다음 기체에 관한 운동의 법칙을 일반화하려고 한 거야. 이상기체의 조건은 다음과 같아.

첫째, 기체 입자 자체의 부피는 무시한다.
둘째, 기체 분자들은 끊임없이 무질서하게 움직인다.
셋째, 기체 분자 사이에 작용하는 인력이나 반발력은 무시한다.
넷째, 기체 분자는 완전 탄성 충돌만 하기 때문에 에너지 손실이 없다.

● 이상기체와 실제 기체

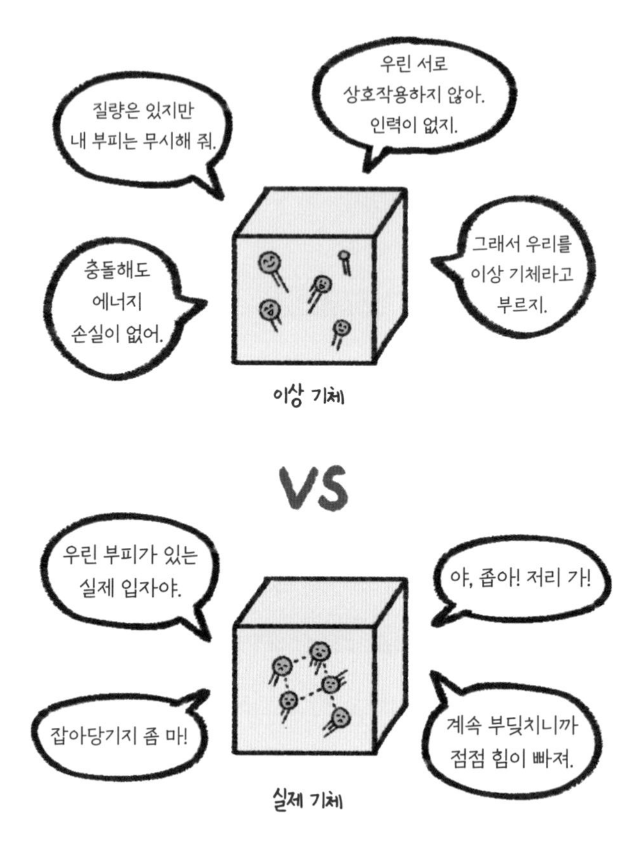

이제 우리는 이 네 가지 특성을 지닌 '이상기체'를 가지고 기체의 운동을 살펴볼 거야. 기체는 눈에 보이지 않지만, 끊임없이 운동하고 있기 때문에 압력과 부피가 있어. 그리고 압력과 부피는 기체의 운동 상태에 따라서 달라질 수 있지. 이 부분을 잘 기억하고 있어야 기체의 온도, 부피, 압력의 관계를 이해하기 쉬우니까 꼭 명심해 줘.

기체의 압력과 부피의 관계

보일의 법칙

기체의 압력은 기체의 충돌과 관련 있어. 닫힌 공간에서 운동하고 있는 기체 입자들이 벽면에 충돌하는 횟수가 많을수록 기체의 압력은 높아져. 이때 기체가 운동하고 있는 공간의 크기는 기체의 부피가 돼.

만약 기체가 운동하는 공간의 크기가 줄어든다면 어떻게 될까? 같은 양의 기체 입자들은 더 좁은 공간 안에서 더 많이 충돌하게 될 거야. 따라서 기체의 부피가 감소하면 기체의 압력은 증가해. 기체의 부피가 $\frac{1}{2}$로 줄어든다면, 기체의 압력은 2배만큼 증가하지.

반대로 기체의 부피가 2배 증가하면, 기체가 운동하는 공간의 크기가 커지고 충돌 횟수는 그만큼 줄어들기 때문에 기체의 압력은 $\frac{1}{2}$이 돼. 즉 온도가 일정할 때 기체의 압력과 부피는 반비례 관계에 있어. 기체의 압력과 부피가 반비례한다는 법칙을 '보일의 법칙'이라고 해.

보일의 법칙을 공식으로 나타내기 위해 처음 상태의 압력과 부피를

기체의 압력과 부피의 관계

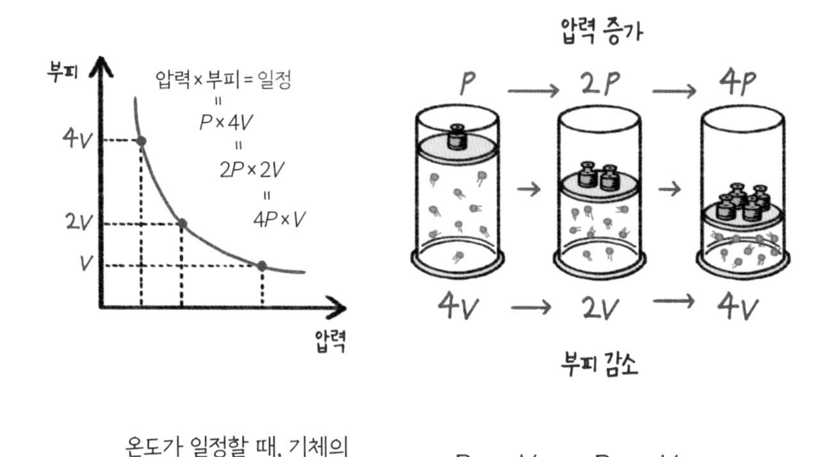

온도가 일정할 때, 기체의
부피는 압력에 반비례한다.

$P_{처음} \times V_{처음} = P_{나중} \times V_{나중}$

각각 P_1 , V_1이라고 하고, 변화한 상태의 압력과 부피를 P_2 , V_2라고 하면 $P_1 \cdot V_1 = P_2 \cdot V_2$의 관계가 성립하게 돼.

비행기가 이륙해서 높은 곳까지 올라가면 공기가 들어 있는 과자 봉지가 팽창하는 것을 볼 수 있어. 이것은 고도가 높은 곳이 지표면보다 기압이 낮기 때문에 과자 봉지 속에 들어 있는 공기의 부피가 그만큼 팽창해서 일어나는 현상이야.

헬륨이 들어 있는 풍선을 놓치면 위로 올라가지? 헬륨 풍선이 하늘로 올라가면 주위의 기압이 낮아지기 때문에 풍선이 점점 부풀어 올라. 그러다가 풍선이 더는 팽창을 견디지 못하면 풍선이 펑 터져버리지. 이처럼 헬륨 풍선이 올라가다 터지는 것도 보일의 법칙 때문이야.

보일의 법칙 예시

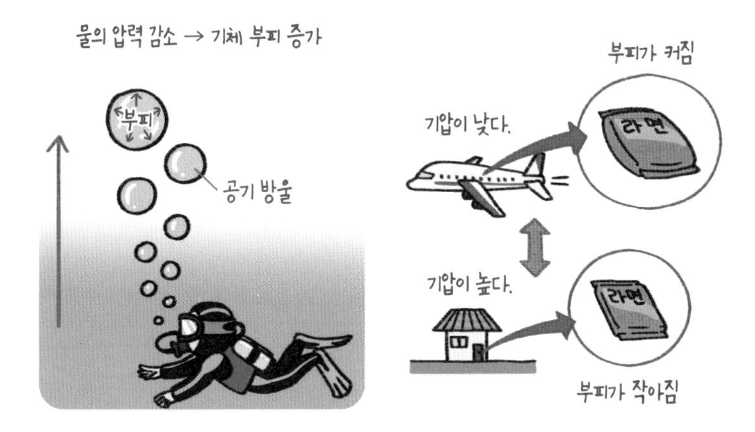

잠수부가 내뿜은 공기 방울이
수면 위로 올라가면서 점점 커진다.

비행기 안에서
라면 봉지가 팽팽해진다.

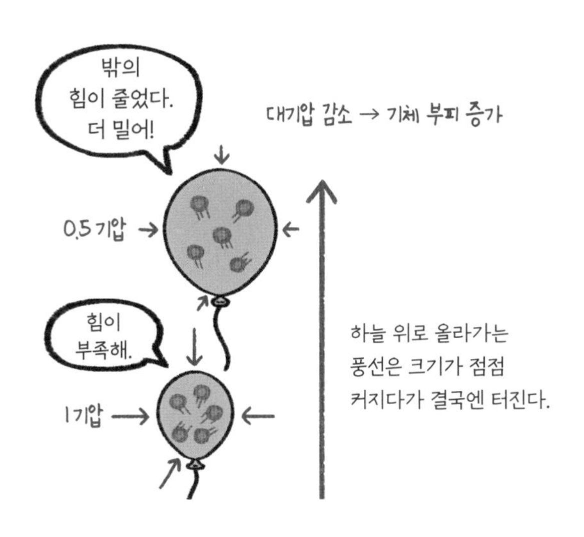

풍선이 위로 올라가면서 부피가 커진다.

기체의 온도와 부피의 관계

샤를의 법칙

보일의 법칙은 온도가 일정한 상태에서 기체의 압력과 부피가 반비례한다는 법칙이었어. 그런데 왜 온도를 일정하게 해야 했을까? 그 이유는 온도 역시 기체의 부피에 영향을 미치기 때문이야. 온도와 기체의 부피 사이에 있는 관계를 정리한 것이 바로 '샤를의 법칙'이야. 샤를의 법칙은 동일한 압력과 같은 양의 기체 조건에서 기체의 부피는 절대온도에 비례한다는 것을 말해. 이게 무슨 의미인지 차근차근 알아보자.

만약 풍선에 기체를 채우고 온도를 올리면 어떻게 될까? 열에너지를 받은 기체 입자들은 무질서하고 불규칙적으로 더욱 빠르게 운동할 거야. 열에너지를 흡수해 기체의 운동에너지로 사용하기 때문이지.

이렇게 빨라진 기체는 풍선 내부의 벽에 더욱 빠르게 충돌하므로 충돌 횟수가 증가하고, 풍선 바깥쪽과 압력이 같아질 때까지 풍선의 안쪽을 밀어내면서 풍선 크기가 커질 거야. 즉 기체의 온도가 증가하면 기체의

● 기체의 온도와 부피의 관계

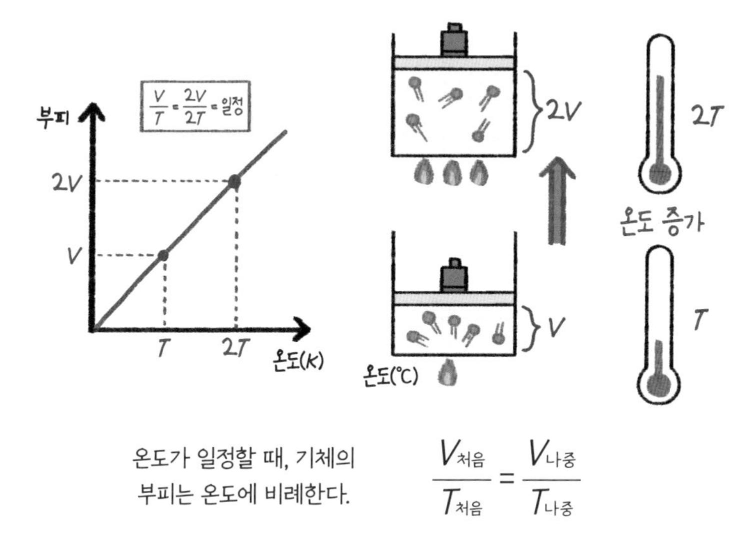

온도가 일정할 때, 기체의 부피는 온도에 비례한다.

$$\frac{V_{처음}}{T_{처음}} = \frac{V_{나중}}{T_{나중}}$$

부피도 그에 비례해서 증가하게 돼.

엄밀히 말하면 샤를의 법칙은 그냥 온도가 아니라 '절대온도'와 부피가 비례한다는 법칙이야. 절대온도는 우리가 일반적으로 사용하는 섭씨온도에 273을 더한 값이야. 절대온도의 단위는 K(켈빈)으로 0K은 −273℃와 같아. 절대온도 273K은 0℃와 같지.

절대온도라는 개념 때문에 어려워졌다면, 온도가 높아질수록 부피가 커진다는 뜻으로 이해해도 돼. 처음 상태의 부피와 온도를 V_1, T_1이라고 하고, 변화한 부피와 온도를 V_2, T_2라고 한다면 $\frac{V_1}{T_1} = \frac{V_2}{T_2}$ 의 관계가 성립하게 되지.

여름철 타이어에 공기를 채울 때는 겨울철보다 약간 적게 넣어주기

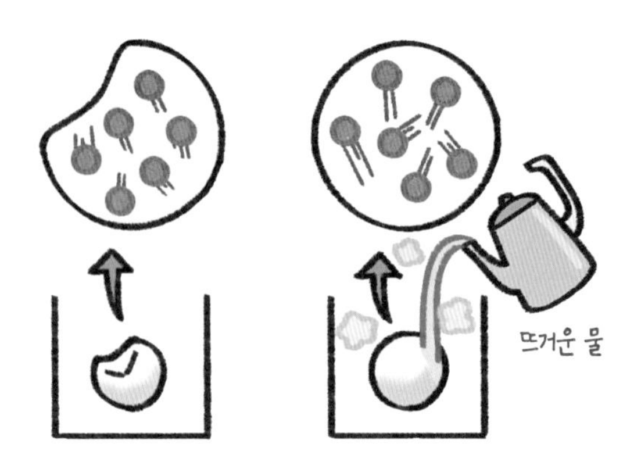

온도 증가 → 분자 운동 활발 → 부피 증가

도 해. 높은 온도에서는 적은 공기로도 타이어의 부피를 채울 수 있어서야. 찌그러진 탁구공을 뜨거운 물에 넣어주면 다시 본래 모양으로 돌아오는데, 이 역시 온도가 높아지면서 탁구공 안에 있는 기체의 부피가 커지기 때문이지.

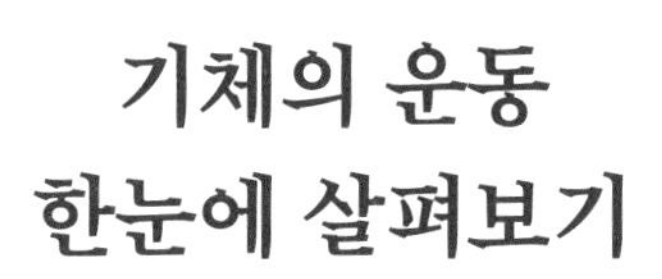

기체의 운동 한눈에 살펴보기

이상기체 상태 방정식

보일의 법칙에 의해 기체의 압력과 부피는 서로 반비례한다는 것을 알았어. 이것을 식으로 표현하면 $P_1 \cdot V_1 = P_2 \cdot V_2$야. 샤를의 법칙에 의해 기체의 절대온도와 부피는 서로 비례한다는 것도 알았고, 이것을 식으로 표현하면 $\frac{V_1}{T_1} = \frac{V_2}{T_2}$가 돼.

여기에 기체의 양(n)이 많아지면 당연히 기체의 부피(V)도 비례해서 커질 테니 이것도 식으로 표현하면 $V \propto n$이 되겠지.(n은 분자 수, $\propto$는 비례 기호를 의미해.) 이상기체 상태 방정식은 이 모든 기체의 압력(P), 부피(V), 입자 수(n), 온도(T)의 관계를 하나의 식으로 나타낸 거야.

$$PV = nRT$$

(압력 × 부피 = 입자 수 × 기체 상수 × 온도)

여기서 R은 기체 상수라고 하는데 약 0.082(기압 · L/몰 · K)의 값을

● 이상기체 상태 방정식

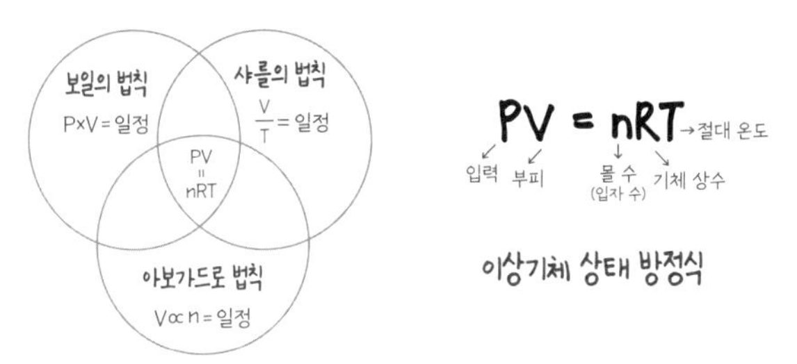

*1몰(mol) : 물질의 양을 나타내는 수의 단위로 1몰은 입자 수가 6.02×10^{23}개 있다는 뜻과 같아. 화학에서 가장 기본적인 단위로 '아보가드로 수'라고도 해.

가지는 상수야. 숫자가 등장하니 어려워 보이지만, 중요한 것은 이 공식에 따르면 1기압, 273K에서 기체 1몰(위 그림 참고)이 차지하는 부피는 22.4L라는 사실이야. 어떤 기체든지 이 공식은 반드시 성립해. 단, 이상기체라는 가정 아래 말이지.

이상기체 상태 방정식은 기체의 모든 운동을 설명하는 공식이 되었어. 이에 따라 우리는 기체의 압력과 부피, 온도와 양에 따른 서로의 상관관계를 쉽게 이해할 수 있게 된 거야. 우리 주변에서 볼 수 있는 여러 기체와 관련된 경험들에 이 방정식을 대입해 보면 기체의 운동을 좀 더 쉽고 직관적으로 해석할 수 있어.

이상기체 상태 방정식은 기체를 좀 더 친숙하게 바라볼 수 있도록 도와주는 기체의 사용 설명서인 셈이야. 기체를 공부하려면 가장 먼저 알고 있어야 하는 공식이기도 해. 지금은 어렵게 느껴질 수도 있지만, '1기압에서 기체 1몰의 부피는 22.4L'라는 사실만은 꼭 기억해 줘!

밀도란 무엇일까?

밀도

과학에서 말하는 '밀도'란 무엇일까? 밀도(密: 빽빽할 밀, 度: 정도 도)는 이름에서 알 수 있듯이 어떤 물질이 빽빽하게 들어차 있는 정도를 말해. 물질이 빽빽하다는 것은 무엇을 의미할까?

같은 부피의 두 물체 A와 B가 있다고 하자. 하지만 A를 이루는 입자와 B를 이루는 입자는 서로 다르기 때문에 같은 부피를 가진 물질이라 하더라도 A와 B의 질량은 달라. 즉 부피에 해당하는 질량 값이 다르다는 말이지. 이것이 바로 밀도야. 밀도는 어떤 물질의 부피에 대한 질량 값으로 물질의 고유한 특성이야. 같은 부피를 갖는 물질이라도 그 물질을 구성하고 있는 성분이 다르면 질량이 다르므로 밀도도 달라져. 결국 밀도는 그 물질을 구성하고 있는 입자가 무엇이냐에 따라 바뀌는 값이야.

$$\text{밀도} = \frac{\text{질량}(g)}{\text{부피}(cm^3)}$$

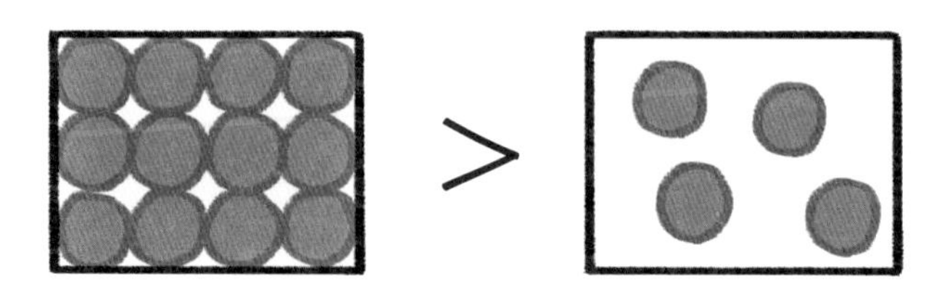

밀도는 빽빽한 정도를 나타내는 용어로, 질량을 부피로 나눈 값이다.

나무가 물 위에 뜨면 보통은 그냥 '물보다 가볍다'라고 표현해. 여기서 '가볍다' 또는 '무겁다'라는 표현은 과학적으로 정확한 표현이 아니야. 나무는 질량이 가벼워서 물 위에 뜨는 것이 아니라 같은 부피일 때의 질량, 즉 밀도가 작아서 물 위에 뜨는 거야. 상대적으로 밀도가 큰 물질은 아래로 가라앉고, 밀도가 작은 물질은 그 위로 떠오르는 것이 밀도의 대표적인 성질이야.

기본적으로 물의 밀도는 $1g/cm^3$이야. 따라서 물의 밀도인 1보다 큰 물질은 물속으로 가라앉고, 밀도가 1보다 작으면 물 위로 뜨지. 공기의 밀도는 물에 비해 엄청나게 작기 때문에 보통 공기를 채운 물질들은 물 위에 잘 떠. 물놀이를 하다가 사고가 났을 때 주변에 튜브가 없다면 공기가 들어 있는 빈 페트병을 던져 튜브를 대신할 수 있어.

철의 밀도는 약 $7.9g/cm^3$인데, 철을 물에 넣으면 어떻게 될까? 당연히 밀도가 물보다 8배 정도나 크기 때문에 가라앉겠지. 그렇다면 철로 만든 배는 왜 물 위에 뜰 수 있는 걸까? 그 이유는 배 안에 공기가 들어갈 수 있는 공간이 많기 때문이야. 철 자체의 밀도는 크지만, 공기와 혼합된

잠수함의 원리

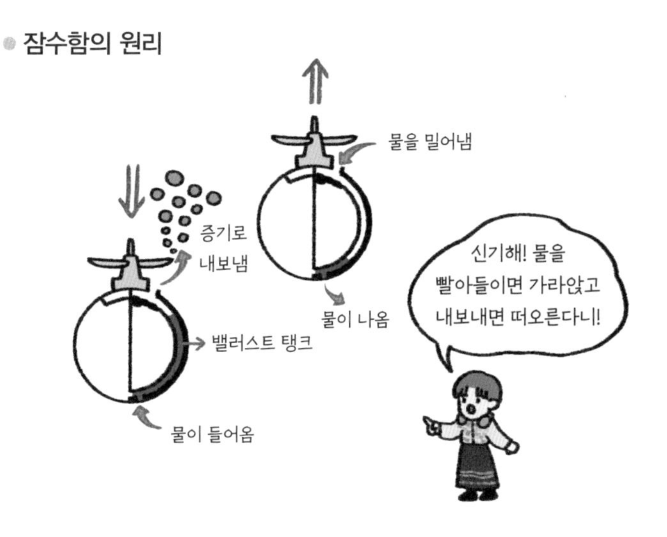

물을 이용해 잠수함의 밀도를 변화시킨다.

배의 밀도는 물보다 작아져서 물 위에 뜰 수 있는 것이지.

이런 배에 물을 넣었다 뺐다 하는 장치를 만들어서 배의 밀도를 마음대로 조절할 수 있게 만든 것이 바로 잠수함이야. 잠수함은 배에 있는 공간을 공기로 채웠다가 물로 채웠다가 하면서 물속에서 위아래로 움직일 수 있어. 물질의 고유한 특성인 밀도에 따라 물질이 뜨고 가라앉는다는 것, 너무 재밌고 흥미롭지 않니?

얼음은 왜 물 위에 뜰까?

물과 얼음의 밀도

물을 마시지 않고 살 수 있는 사람은 없어. 우리는 매일 물을 마시고 있지만, 내가 마시고 있는 물이 어떤 성질을 지니고 있는지 궁금해하는 사람은 별로 없을 거야. 하지만 물은 생각보다 신기한 비밀들을 많이 간직하고 있어.

잠깐 복습 한번 해볼까? 물 분자는 수소 원자(H) 2개와 산소 원자(O) 1개로 이루어진 분자야. 산소를 중심으로 양쪽에 수소 원자가 굽은 형태(정확히는 중심각이 104.5°)를 하고 있어.

또, 물 분자를 이루는 산소와 수소 사이에 전자를 잡아당기는 힘의 차이 때문에 물 분자는 극성이라는 성질을 지닌다고 배웠지. 극성은 분자가 부분적으로 (+), (−) 전하를 띠는 현상을 말해.

극성이 있으면 분자 사이에는 정전기적인 인력이 작용해서 서로 강하게 잡아당기는 특성이 생겨. 이러한 물의 굽은 구조와 극성 때문에 물이 얼음이 되면 부피가 증가해. 물이 얼음이 되면서 강한 인력이 작용해 규칙적으로 물 분자가 배열되고, 굽은 형태로 인해 공간이 많아지기 때문이야.

물질들은 보통 액체에서 고체가 될 때 입자 간 간격이 줄어들기 때문에 부피가 감소하는데, 물은 오히려 반대로 얼음이 되면 부피가 커지는 거야. 부피가 증가한 얼음의 밀도는 물보다 작아지므로 얼음이 물 위에 뜨는 기이한 현상이 일어나지. 바닷물 위에 뜨는 빙하, 표면부터 어는 강물, 얼음이 동동 떠 있는 시원한 음료수처럼 우리가 당연하게 받아들였던 것들은 사실 전혀 당연하지 않은 예외적인 현상이야.

섞일 수 없는 운명, 물과 기름

친수성과 소수성

앞에서 설명했듯이 물은 부분적인 (+)와 (−) 전하를 띠는 극성 물질이야. 극성 물질들끼리는 정전기적 인력이 작용하기 때문에 서로를 잘 잡아당겨. 잘 잡아당긴다는 말은 잘 섞인다는 말과 같아. 따라서 극성 물질은 극성 물질끼리 잘 섞이고, 무극성 물질은 무극성 물질끼리 잘 섞여. 그렇다면 물은 극성 물질들과 잘 섞이겠지?

이렇게 물과 잘 섞이거나 물에 잘 녹는 물질을 '친수성'이라고 해. 물과 친하다는 말이지. 반대로 기름처럼 물과 잘 섞이지 않거나 잘 녹지 않으면 '소수성'이라고 해.

앞에서 배운 이온들은 모두 (+) 또는 (−) 전하를 띠고 있는 물질이야. 따라서 모든 이온들은 정전기적 인력으로 인해 물에 잘 녹아들어. 이온 음료 속에 이온이 많이 녹아 있는 것도 바로 이러한 성질 때문이야.

우리 몸 전체 질량의 70% 정도는 물로 구성되어 있어. 몸에 필요한

끼리끼리 노는 '극성'과 '무극성' 물질들

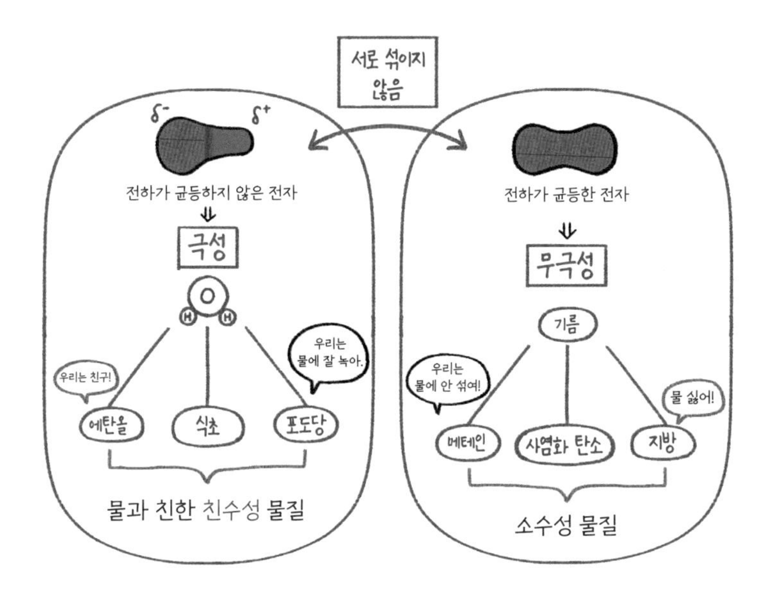

여러 영양분 역시 물에 녹아 있는 상태로 운반되지. 그렇게 운반된 영양분을 이용해 에너지를 만들어 살아갈 수 있어. 만약 물이 없었다면 우린 이렇게 수많은 세포로 이루어진 다세포 생물로 진화할 수도 없었을 거야.

그렇다면 우리 몸에 꼭 필요한 산소는 어떨까? 산소나 이산화 탄소도 물에 녹아 운반될까? 그건 불가능해. 물은 극성 분자이지만 산소나 이산화 탄소는 무극성 분자이기 때문이야. 영양분들은 대부분 극성을 띠고 있어 물과 친한 친수성 물질이지만, 산소나 이산화 탄소는 무극성 분자라서 물과 친하지 않은 소수성 물질이야. 그래서 산소나 이산화 탄소는 물이 아닌 적혈구가 운반해.

연잎은 자연에서 소수성을 띠는 대표적인 물질이야. 연잎은 물과 자주 닿지만 물에 젖지 않아. 연잎에 맺힌 물방울을 보면 마치 유리구슬이 굴러가는 것처럼 보여. 이것은 연잎 표면에 물보다 훨씬 작은 돌기가 존재해서 물 분자가 그 사이로 스며들지 못하고 매달린 상태가 되기 때문이야. 이렇게 진화한 연잎 덕분에 연잎 표면은 늘 깨끗함을 유지할 수 있고 광합성을 하는 데 유리한 상태를 유지할 수 있어.

친수성과 소수성의 성질을 이용해 소수성 코팅제를 화학적으로 합성해서 개발하면 물에 젖지 않는 물질을 만들 수 있겠지. 실제로도 여러 소수성 물질들이 연구되고 있어. "끼리끼리 논다."라는 말은 우리보다 분자들의 세계에 더 잘 어울리는 말일지도 몰라.

물과 기름 모두와 친한 비누의 비밀

기름진 음식을 먹고 나면 손이 미끌미끌해져. 기름 성분은 물로 씻어도 잘 씻기지 않아. 그래서 우리는 비누로 손을 닦지. '뽀드득 뽀드득' 소리와 함께 기분 좋은 깨끗함과 상쾌함을 느낄 수 있어. 비누는 어떤 원리로 기름을 제거해 주는 것일까?

비누는 탄소(C)가 길게 연결된 친유성 부분(기름과 친한 성질을 지닌 부분)과 COO−가 있는 친수성 부분(물과 친한 성질을 지닌 부분)을 둘 다 가지고 있는 구조야. 이러한 물질을 '계면활성제'라고 해. 계면활성제는 친유성 부분과 친수성 부분을 둘 다 가지고 있어서 계면을 활성화하는 물질이야. 계면을 활성화한다는 말이 무슨 뜻일까?

• **비누의 구조**

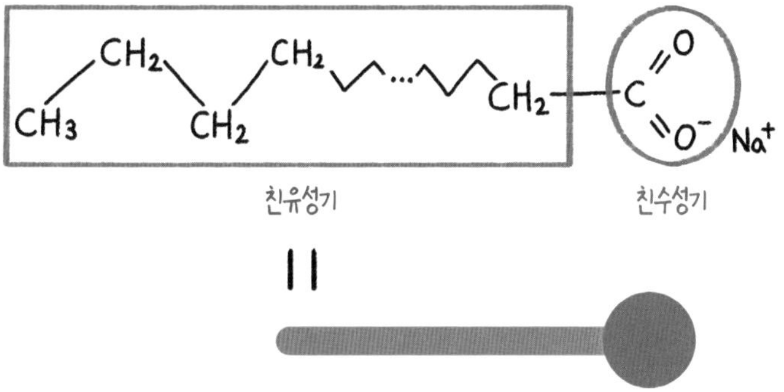

CH_3 CH_2 CH_2 CH_2 … CH_2 — C(=O)O^- Na^+

친유성기 　 친수성기

||

친수성과 친유성을 둘 다 지닌 비누 분자가 물속에 들어가면, 친수성 부분들은 물과 섞이려 바깥쪽을 향하면서 공 형태를 만들어. 반대로 친유성 부분들은 친수성 부분이 만든 공 안쪽으로 숨어버리지.

이런 원형구조를 '마이셀'이라고 해. 이 마이셀이 피부나 섬유에 있는 기름때를 만나면 친유성 부분이 기름때의 표면에 달라붙어. 이를 물리적 힘으로 비벼주면 기름때가 마이셀 구조 안쪽에 붙잡혀 피부나 섬유에서 제거되는 거야. 이때 비눗물이 뿌옇게 보이는 이유는 생성된 마이셀로 인해 빛이 분산되기 때문이지. 비누로 손을 씻을 때 이런 비누의 구조와 기름때를 벗겨내는 과정을 한번쯤 생각해 보면 재미있을 거야.

• **마이셀의 기름때 제거 과정**

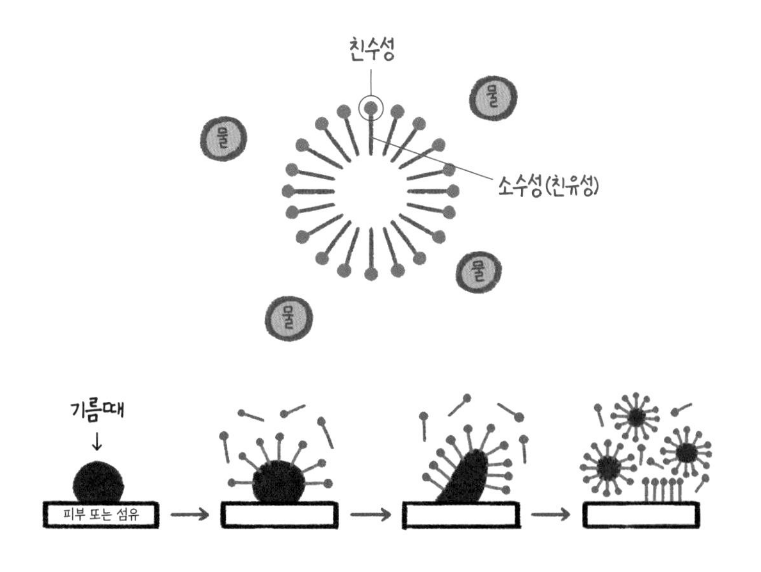

생활 속 밀도

요즘 아파트들은 대부분 연료로 LPG(액화 석유 가스) 대신 LNG(액화 천연 가스)를 사용해. LNG는 LPG보다 대기 오염 물질이 적고, 발열량이 좋아서 현재 도시가스로 주로 사용되고 있지. LNG의 주성분은 메테인(CH_4)이야. 메테인은 공기보다 밀도가 작아서 공기 중으로 가스가 새면 위로 떠오르게 돼. 그래서 LNG를 연료로 사용하는 곳에는 가스 누출 경보기가 높은 곳에 설치되어 있어. 그래야 가스가 누출되었을 때 빨리 알아차릴 수 있거든.

반면 LPG는 공기보다 밀도가 큰 성분으로 구성되어 있어서 공기 중에 누출되면 아래로 가라앉아. 예전에 연탄을 연료로 사용할 때는 밤에 연탄가스 중독으로 사망하는 사고가 많았어.

연탄가스의 주성분은 일산화 탄소(CO)인데, 일산화 탄소도 공기보다 무거워서 아래로 가라앉거든. 대부분 잠을 자는 사이에 안타까운 사고가 많이 일어난 이유가 이 때문이야.

만약 LPG나 연탄가스가 누출된 것을 알았다면, 창문보다는 아

일산화 탄소(CO)는 공기보다 무거워 아래로 가라앉는다.

래에서 가스가 빠져나갈 수 있도록 문을 열어 공기를 내보내는 것이 더 효과적이야.

잠수부들의 허리에는 밀도가 큰 납이 붙어 있어. 사람의 밀도는 물과 비슷하기 때문에 물 속에 가라앉기 쉽게 하려고 생각해 낸 방법이야. 반대로 구명조끼를 입으면 물보다 밀도가 작은 공기가 들어 있어 사람이 쉽게 물 위에 뜰 수 있지.

헬륨 풍선은 하늘로 둥둥 뜨는데, 이것도 물론 밀도와 관련이 있어.

헬륨 기체는 밀도가 공기보다 작아서 풍선 속에 넣으면 풍선을 위로 떠오르게 할 수 있어. 공기는 질소와 산소가 대부분을 차지하고 있기 때문에 이들보다 밀도가 작은 기체들은 위로 떠오르는 것이지.

이처럼 밀도는 우리 생활 곳곳에서 사용되고 있어. 여러분도 밀도의 개념을 이해하고 평소에 생각하는 습관을 기른다면, 밀도를 이용해 좀 더 편리한 생활을 할 수 있을 거야.

5장

혼합물 이야기

섞고 섞이는 것들의 비밀

끓는점으로 물질을 분리해 보자

분별 증류

끓는점은 액체가 기체로 상태 변화할 때 일정하게 유지되는 온도라고 앞에서 배웠어. 끓는점은 물질에 작용하는 인력에 따라 달라지기 때문에 각 물질들은 끓는점이 저마다 다르지. 만약 끓는점에 차이가 있는 물질이 서로 섞여 있다면, 우리는 끓는점이 다르다는 사실을 이용해 이 두 물질을 분리할 수 있어.

이 방법을 '증류' 또는 '분별 증류'라고 해. 끓는점이 다른 물질을 섞은 혼합물에 열을 가하면 끓는점이 낮은 물질만 먼저 끓게 돼. 끓어서 생긴 기체를 받아서 식히면 다시 액체가 되는데, 이런 방식으로 혼합물을 분리할 수 있어.

예를 들어 물과 에탄올을 증류로 분리할 수 있어. 원래 물과 에탄올은 서로 잘 섞이기 때문에 함께 있는 혼합물에서 둘을 분리하기란 쉽지 않아. 하지만 물의 끓는점은 100°C이고 에탄올의 끓는점은 78°C라는 점

● 원유의 분별 증류

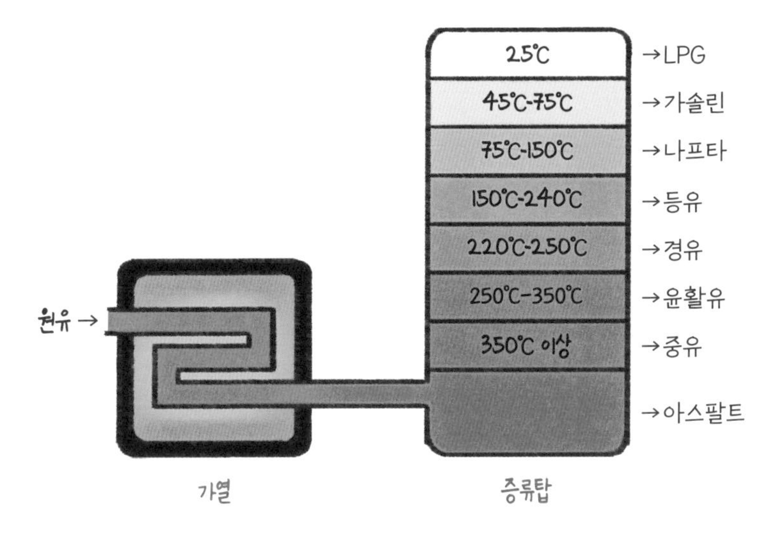

을 이용해 증류를 하면 분리가 가능해. 물과 에탄올의 혼합물을 가열하면 끓는점이 낮은 에탄올이 먼저 끓어 나오기 때문에 두 물질을 분리할 수 있는 것이지.

원유(原油)란 정제되지 않은 자연 상태의 석유를 부르는 말이야. 원유가 모인 곳을 유전이라고 해. 유전을 발견했다면 원유를 우리가 실제로 사용할 수 있는 석유로 정제해야겠지. 이 정제 과정을 거쳐 우리에게 익숙한 휘발유나 등유, 경유, 아스팔트, LPG 등을 생산하는 거야.

원유를 석유로 만들 때도 증류의 원리를 이용해. 원유를 증류탑에 넣고 가열하면 끓는점이 낮은 물질이 먼저 기화돼. 액체가 기체로 바뀌면 밀도가 낮아지니 위로 떠오르게 되겠지? 그러면 끓는점이 낮은 성분은 위쪽에서, 끓는점이 높은 성분은 아래쪽에서 분리되어 나와. 위에서부터 LPG(끓는점 25℃ 이하), 가솔린(끓는점 45~75℃), 등유(끓는점 150~240℃), 경유(끓는점 220~250℃), 중유(끓는점 350℃ 이상), 아스팔트(찌꺼기) 순으로 얻을 수 있어. 이처럼 끓는점의 차이를 이용해 우리에게 필요한 여러 가지 성분들을 분리해 쓸 수 있어. 이를 분별 증류라고 하는데, 끓는점 차이가 있는 여러 혼합물을 분리하는 방법으로 화학이나 산업 전반에서 많이 이용하고 있어.

밀도로 물질을 분리해 보자

밀도차

밀도는 물질의 부피당 질량으로 물질마다 다른 고유한 특성이야. 앞에서 밀도의 특성으로 인해 밀도가 상대적으로 큰 물질은 아래로 가라앉고, 밀도가 상대적으로 작은 물질은 위로 뜬다고 배웠어.

서로 섞이지 않고 밀도 차이가 나는 물질들 역시 증류처럼 쉽게 분리가 가능해. 밀도 차이가 있는 액체를 분리하는 기구가 있는데, 이것을 '분별 깔때기'라고 해. 물과 식용유 같은 것은 바로 이 분별 깔때기를 이용해서 분리해 낼 수 있어. 분별 깔때기 아래쪽에 '콕'이라는 장치로 관을 열었다 잠갔다 하면서 서로 다른 두 물질을 분리하는 방법이야.

밀도가 다르다는 것을 이용해 신선한 달걀과 상한 달걀도 소금물에 넣어서 구별할 수 있어. 상한 달걀은 안쪽에 액체 물질이 줄어들어 공간이 생기면서 밀도가 작아지기 때문에 소금물 위에 뜨고, 신선한 달걀은 아래로 가라앉거든.

● 분별 깔때기를 이용한 혼합물 분리

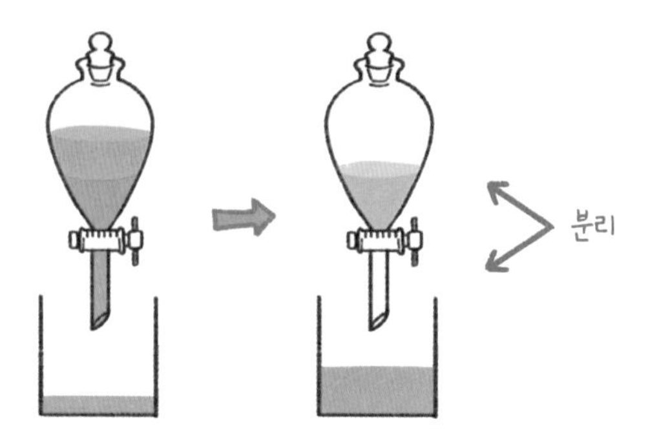

● 밀도 차이를 이용한 혼합물 분리

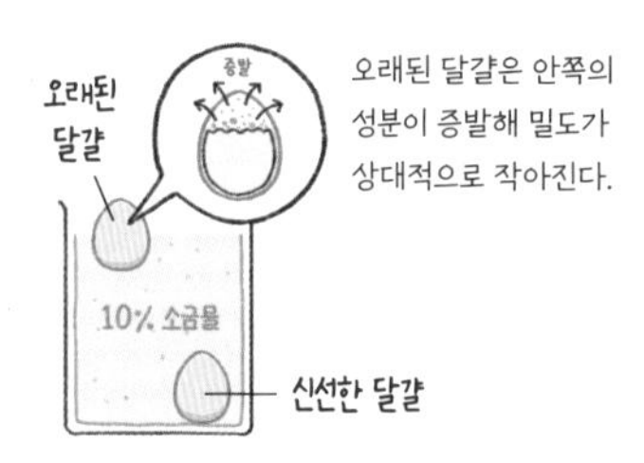

신선한 달걀은 오래된 달걀보다 밀도가 크다.

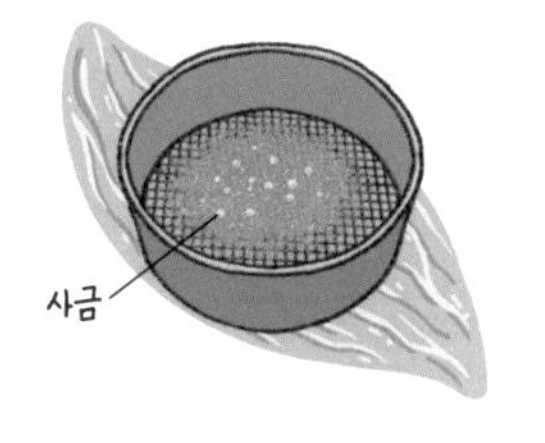

사금은 물보다 밀도가 커서 가라앉는다.

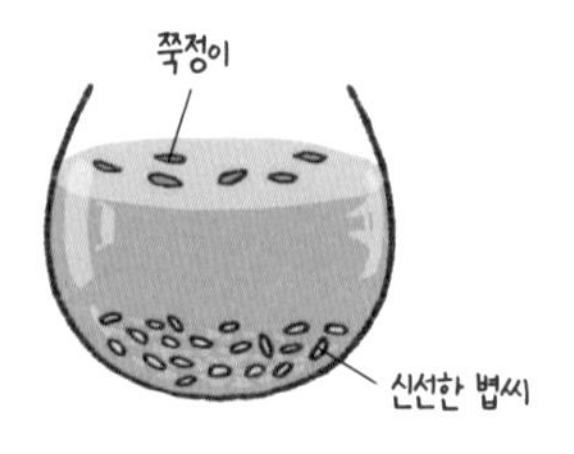

신선한 볍씨는 소금물에 가라앉고, 쭉정이는 위에 뜬다.

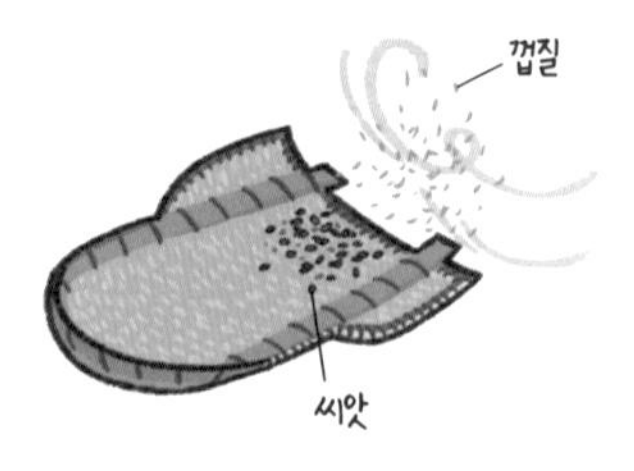

껍질은 밀도가 작아 바람에 날린다.

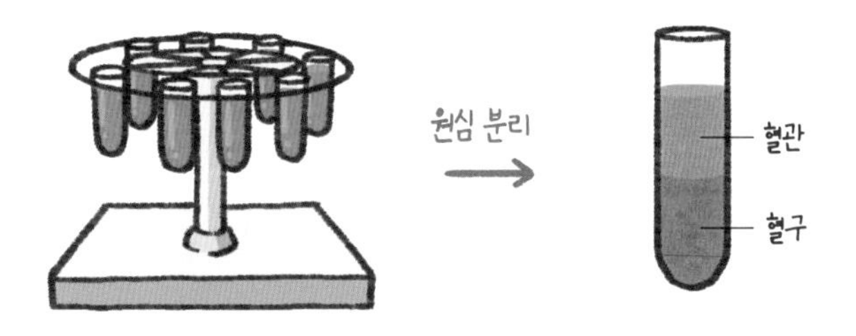

원심 분리기 : 원심력을 이용해 밀도가 큰 혈구는 아래로,
밀도가 작은 혈장은 위로 분리한다.

쌀을 씻을 때 물 위에 먼지나 껍질 등이 떠오르는 것도 밀도 차이 때문에 일어나는 일들이야. 강에서 사금을 채취하거나 신선한 볍씨를 고르는 것, 바람에 곡식 껍질을 날려 보내는 것, 혈액 속 성분들을 원심 분리기로 분리하는 것 역시 밀도의 차이를 이용해 혼합물을 분리하는 방법들이야. 이처럼 우리는 물질 고유의 특성인 밀도 차이 덕분에 여러 가지 혼합물을 분리할 수 있어.

섞고, 거르고, 추출하고

용해도

우리는 물에 소금을 녹여서 소금물을 만들지? 이때 물처럼 어떤 물질을 녹이는 물질을 용매, 소금처럼 녹는 물질을 용질이라고 불러. 용매에 용질이 녹는 과정은 '용해'라고 하고, 이렇게 용매에 용질이 녹는 정도를 용해도라고 해. 보통 용해도는 물 1kg에 최대로 녹을 수 있는 용질의 질량(g)을 의미해. 예를 들어, 20℃의 온도에서 물에 대한 용해도가 50이라는 말은 '20℃의 물 1kg에 이 물질을 녹이면 최대 50g까지 녹일 수 있다.'라는 뜻이야.

이 용해도라는 성질을 이용하면 용매에 잘 녹거나 안 녹는 성질을 이용해 혼합물을 분리할 수 있어. A라는 물질은 물에 잘 녹고 B라는 물질은 물에 잘 녹지 않는다면 A, B 두 물질을 물에 녹여봐. A는 물에 녹은 상태로, B는 물에 녹지 않은 상태로 남아 있을 거야.

그 상태로 거름종이를 통과시키면 물에 잘 녹은 A는 물과 함께 거름

용해도를 이용한 혼합물 분리

거름 : 용해되는 물질과 용해되지 않는 물질을 거름종이 등으로 걸러 분리하는 방법

추출 : 용매에 녹는 특정 성분만을 녹여서 분리하는 방법

분별 결정 : 온도 변화에 따른 용해도 차이를 이용해 혼합물을 함께 녹인 뒤 온도 변화를 일으켜 분리하는 방법

종이를 통과하고, 물에 녹지 않는 B는 거름종이 위에 그대로 남게 되겠지. 이와 같은 분리 방법을 거름이라고 해. 소금과 모래, 소금과 나프탈렌 등을 위와 같은 방법으로 분리할 수 있어.

용해도를 이용한 방법 중 추출이라는 방법도 있어. 추출이란 혼합물 속에서 어떤 특정한 성분만을 녹여서 빼내는 방법을 말해. 콩에서 콩기름만 빼낼 때 바로 이 추출 방법을 사용해. 콩 속에 있는 여러 성분 중에서 유지(기름) 성분만 용해할 수 있는 '헥세인'이라는 용매를 이용해 콩기름을 추출하는 거야.

녹차 티백을 물에 담그면 녹차 물이 우러나는 것도 물에 의해 차 성분이 추출되는 것이지. 도라지를 물에 담가 놓으면 쓴맛을 내는 성분만 물에 녹아 나와서 쓴맛을 제거할 수 있는데, 이 역시 추출 방법을 사용한 거야.

염화 나트륨과 질산 칼륨은 모두 물에 잘 녹아. 그런데 염화 나트륨은 온도와 관계없이 물에 녹는 양이 일정하고, 질산 칼륨은 온도에 따라 물에 녹는 양의 차이가 커. 이처럼 온도 변화에 따른 용해도 차이가 큰 물질과 작은 물질이 섞여 있을 때, 높은 온도에서 혼합물을 함께 녹인 다음 차갑게 냉각하면 용해도 차이가 큰 물질인 질산 칼륨만 결정으로 석출되어 얻어낼 수 있어. 이와 같은 방법을 분별 결정이라고 해.

보통 고체는 온도가 높아질수록 용해도가 증가해. 따뜻한 물에 더 잘 녹는다는 말이지. 하지만 기체의 경우는 조금 달라. 기체의 용해도는 압력과 온도 두 가지 모두에 영향을 받는데 압력이 높을수록, 온도가 낮을수록 기체의 용해도가 증가해.

이러한 기체의 성질 때문에 탄산음료는 이산화 탄소 기체를 더 많이 녹이기 위해 높은 압력과 낮은 온도 조건을 이용해. 따뜻한 곳에서 탄산음료 뚜껑을 열면 거품이 많이 나오는 이유 역시 온도가 높아지면서 기체가 물에 녹지 못하고 밖으로 나오기 때문에 발생하는 현상이야.

검은색 사인펜에 파란 잉크가 들어 있다고?

크로마토그래피

볼펜이나 사인펜으로 글씨를 쓴 종이 위에 실수로 물을 떨어뜨려 본 적이 있니? 글씨에 물이 스며들면서 종이 주변으로 번져 나가는 것을 보았을 거야. 용매에 녹는 정도가 물질마다 다르듯이 색소도 용매에 녹아드는 정도가 달라. 종이에 검은 사인펜으로 점을 하나 찍은 다음 물에 살짝 담가 놓으면 물이 종이에 스며들면서 이동해. 이동하는 물을 만난 사인펜의 검은 색소는 물을 따라서 서서히 퍼져 나가게 되지.

이때, 사인펜의 검은 색소가 2~3가지 색으로 분리되면서 퍼져 나가는 것을 볼 수 있어. 그 이유는 검은색으로만 보이는 색소 안에 2~3가지 이상의 색소 성분이 녹아 있기 때문이고, 각 색소들마다 물을 따라 이동하는 속도에 차이가 있어서 그런 식으로 분리되는 거야.

이렇게 특정 용매에 녹는 물질의 이동 속도 차이를 이용한 분리 방법을 크로마토그래피라고 해. 크로마토그래피(chromatography)는 그리스

● 크로마토그래피의 원리

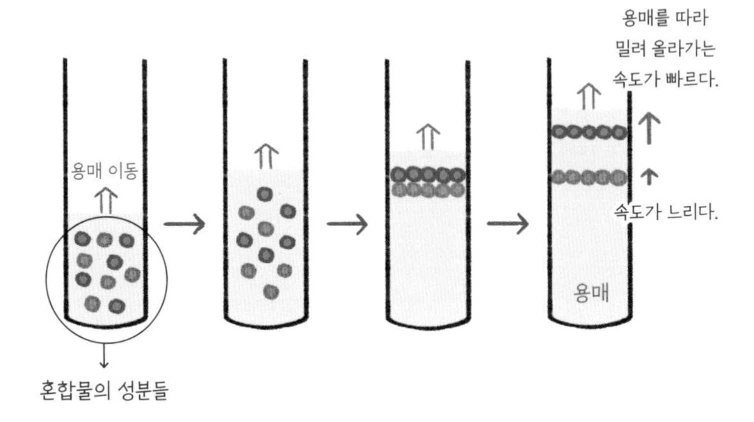

어로 색(chroma)과 기록(graphy)을 합친 말이야. 크로마토그래피 방법을 이용하면 매우 적은 양으로도 물질을 분리할 수 있어. 운동선수들의 금지 약물 복용 여부를 판별하는 도핑 테스트도 크로마토그래피를 이용한 거야. 그 밖에도 크로마토그래피는 미술 분야에서 색소의 번짐을 이용한 예술 작품을 만드는 데 쓰이기도 해.

종이 크로마토그래피와 관 크로마토그래피

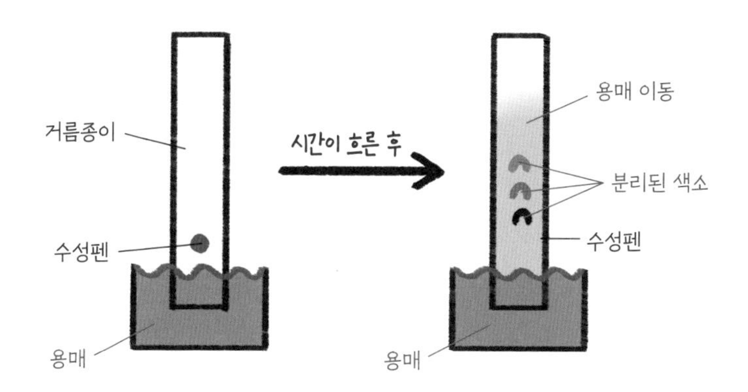

종이 크로마토그래피

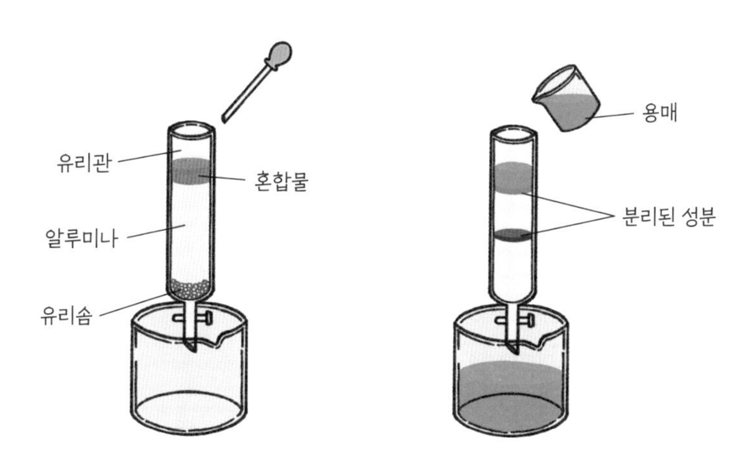

위에서부터 성분을 분리하는 관 크로마토그래피

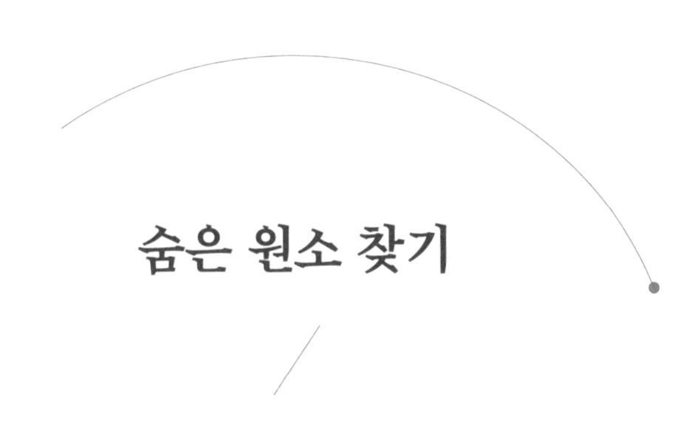

숨은 원소 찾기

불꽃 반응과 스펙트럼

불꽃놀이를 할 때 여러 가지 색이 나타나는 이유는 폭죽 성분에 다양한 금속 원소가 포함되어 있어서야. 원소가 불꽃에 반응하면 저마다의 색깔로 타기 때문이지. 왜 원소들은 각자 특유의 색깔을 내면서 타는 걸까?

● 여러 금속 원소의 불꽃 반응

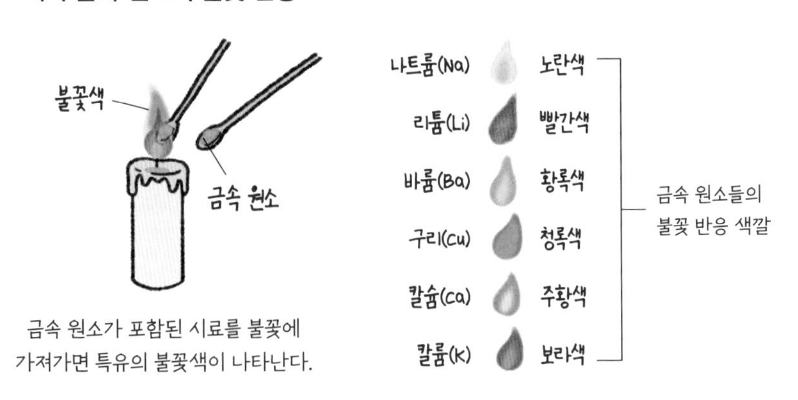

금속 원소가 포함된 시료를 불꽃에
가져가면 특유의 불꽃색이 나타난다.

다양한 원소의 선 스펙트럼

이건 생각보다 복잡하고 어려운 이야기야. 원자에는 원자핵 주위를 끊임없이 운동하고 있는 전자가 있는데, 이 전자들은 고유의 에너지를 가지고 있어. 하늘로 공을 던지면 다시 땅으로 떨어지는 것처럼, 전자도 원자핵을 중심으로 위로 올라갔다 떨어졌다 할 수 있어. 만약 높은 곳에서 원자핵에 가까운 낮은 곳으로 전자가 떨어지면 그 높이 차이만큼의 에너지를 빛의 형태로 방출하게 돼. 우리는 불꽃놀이를 볼 때 바로 이 빛을 보는 거야.

특히 금속 성분의 원소들은 불꽃에 태우면 특유의 선명한 색을 드러내. 나트륨은 노란색, 리튬은 빨간색, 바륨은 황록색, 구리는 청록색, 칼슘은 주황색, 칼륨은 보라색을 나타내는 식이지. 거꾸로 어떤 물질을 불꽃에 반응시켰을 때 나타나는 색깔을 보고 그 안에 있는 금속 원소가 무엇인지 찾아낼 수도 있어.

원소의 불꽃 반응은 아주 적은 양만 있어도 손쉽게 혼합물에 들어 있는 성분을 알아낼 수 있는 매우 간편한 방법이야. 물론 불꽃색이 비슷해서 구분이 어려운 경우도 있지만, 그런 경우에는 분광기라는 기계로 좀 더 정밀하게 불꽃을 관찰하면 특정한 파장의 선이 찍히는 모습을 관찰할 수 있어. 이것을 선 스펙트럼이라고 해. 선 스펙트럼을 이용하면 보다 정확하게 혼합물의 성분을 알아낼 수 있지.

원소의 불꽃색, 쉽게 암기해 보자!

각 원소마다 특유의 불꽃 반응 색이 있어. 하지만 이 원소와 불꽃색을 그냥 암기하기란 쉽지가 않아. 그래서 준비했어.

"나는 이가 썩어서 많이 아파. 그래서 치과에 가서 이빨을 바꿀까? 하고 잠시 고민하지. 물론 엄청나게 비싼 비용은 나를 부담스럽게 해. 하지만 그래도 바꿔볼까? 흥청망청 주의가 필요하지만 말이야."

이 이야기를 이용해서 암기해 보자. '나는 이빨 바꾸까?' '흥청주보' 이 두 가지만 암기하면 원소의 불꽃색 암기는 끝!

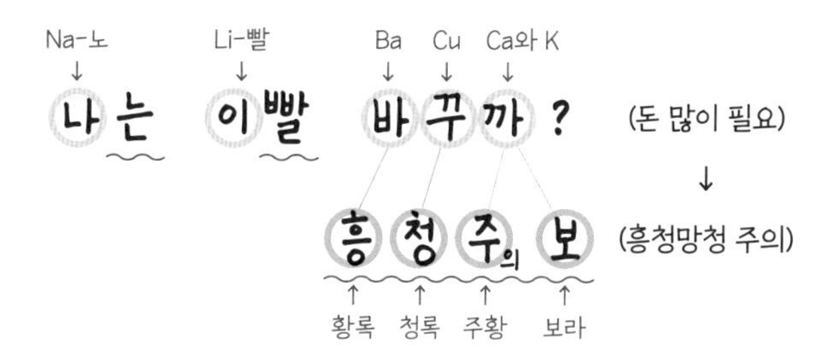

"나는 이빨 바꿀까? 흥청주의보" → 이렇게 암기해 보자!

탄산음료의 양이 적은 이유

2리터짜리 큰 탄산음료를 살 때 페트병을 자세히 보면 위쪽이 비어 있는 것을 볼 수 있어. 오렌지 주스는 뚜껑까지 꽉 채워 팔면서, 왜 탄산음료는 그렇게 많이 비운 채로 파는 걸까? 게다가 바닥이 평평한 오렌지 주스와는 달리 탄산음료의 밑 부분은 울퉁불퉁해서 안 그래도 양이 적은데, 이건 완전히 속아서 사는 느낌이라니까.

그 이유는 기체의 용해도와 압력을 알아야 이해할 수 있어. 온도가 높을수록 잘 녹는 고체와는 달리, 기체는 온도가 낮을수록 물에 잘 녹아. 온도를 낮춰 기체들의 운동성을 줄여줘야 밖으로 잘 빠져나가지 않기 때문이야. 마찬가지 이유로 압력을 높여주면 기체가 더 물에 잘 녹아. 외부로 빠져나오려는 기체들을 막아주고, 물속에서 밖으로 나오지 못하게 큰 압력으로 누르고 있는 것이지.

탄산음료는 물속에 이산화 탄소 기체를 녹여서 톡 쏘는 맛이 나게 만든 음료야. 이 탄산음료에 이산화 탄소를 최대한 많이 녹이려면 온도는 낮추고, 압력은 높여야 해. 탄산음료 뚜껑을 열기 전 내부 압력은 매우 높은 상태야. 그 높은 압력을 견디게 하려고 밑부분을 울퉁불퉁하게 만들어 압력을 분산하도록 설계한 것이지. 위쪽을 비우는 이유는 뚜껑을 딸 때 높은 압력으로 기체가 거품처럼 새어 나오는 것을 방지하기 위해서 공간에 여유를 두는 거야.

자, 이제 탄산음료를 살 때 더는 억울하지 않겠지? 더 맛있고 안전한(?) 탄산음료를 마시기 위해 이 정도 섭섭함은 어쩔 수 없이 감수해야 해.

이산화 탄소 기체

압력을 견디기 위한 구조

6장

화학 반응

원소의 화려한 마술 쇼

과일 맛이 변했어요

화학 변화

종이를 구기거나 가위로 자르는 것, 얼음이 녹아서 물이 되는 것 등은 단순히 모양이나 상태만 바뀔 뿐 그 물질 자체의 성질은 변하지 않아. 종이를 잘라도 종이의 성분은 그대로 유지되고, 얼음을 핥아 먹어도 물을 먹는 것과 똑같은 효과가 있지. 이렇게 물질의 모양이나 상태만 변화하고 성질이 바뀌지 않는 변화는 '물리 변화'라고 해.

그럼 종이를 불로 태우면 어떨까? 종이는 검게 타고, 타고 남은 재는 바람에 쉽게 날아갈 만큼 가벼워져. 종이를 이루고 있던 성분이 전혀 다른 물질로 바뀐 거야. 처음에는 초록색이던 사과가 익으면서 붉게 변하는 현상 역시 사과 안에서 새로운 물질이 만들어져 맛과 색깔이 변한 것이지. 이처럼 물질의 성질이 바뀌어 전혀 다른 새로운 물질이 만들어지는 변화를 '화학 변화'라고 해.

모든 물질은 기본 성분인 원자로 이루어져 있어. 원자는 화학 결합으

● 물리 변화와 화학 변화

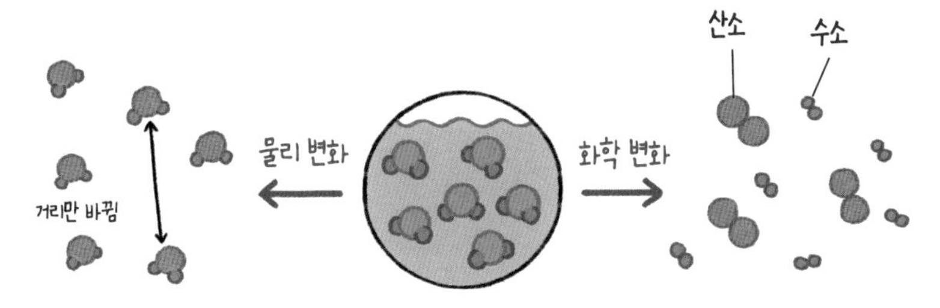

분자의 배열(거리)만 바뀐다.

분자를 구성하는 원자의 배열이 바뀌어 전혀 다른 새로운 분자가 생성된다.

로 특정한 성질을 지닌 분자를 만들지. 바로 이 분자가 물질을 이루고 있는데, 분자 자체가 깨어지거나 변하지 않는 이상 그 물질의 성질은 그대로 유지돼. 위에서 설명한 변화 중 물리 변화가 이에 해당해. 즉 분자 자체는 바뀌지 않고, 분자 사이의 거리나 배열만 바뀌는 변화야.

화학 변화는 물리 변화와는 달라. 그 물질을 이루고 있는 분자가 깨지고, 새로운 원자와 결합을 해서 전혀 다른 새로운 분자를 만드는 것이지. 분자의 종류가 바뀌어 전혀 다른 성질의 물질이 만들어지므로 더는 처음의 물질이 아닌 거야.

물질이 타거나 과일의 맛이 바뀌는 현상들은 그 물질 안에서 화학 변화가 일어나기 때문이야. 이런 화학 변화를 일으키는 반응을 화학 반응이라고 하고, 화학 반응이 일어나면 분자들을 이루는 원자들의 배열이 바뀌면서 새로운 분자가 만들어져.

화학 변화를 알려줄게

화학 반응식

화학 반응을 식으로 나타낸 것을 화학 반응식이라고 해. 화학 반응식은 반응에 참여한 '반응물'과 새롭게 만들어진 '생성물'을 표현해야 하고, 반응 전후에 분자는 바뀌지만 총 원자의 종류와 수는 변하지 않아야 해.

화학 반응식은 화학 반응에 참여한 반응물과 생성물을 화학식으로 표현한 다음 그것을 화살표(→)로 연결해서 나타내. 반응 전에는 A물질이 있었는데 반응 후에는 B물질로 바뀌었다는 것을 의미하지.

화학 변화가 일어나도 분자는 바뀔 수 있지만, 원자는 사라지거나 새로 생겨나지 않아. 따라서 반응 전에 있던 원자 수와 반응 후의 원자 수는 반드시 같아야 해. 물론 원자의 종류도 같아야 하지. 이 규칙에 따라 화학 변화를 식으로 표현한 것이 바로 화학 반응식이야.

예를 들어 수소와 산소가 반응해서 물을 만드는 현상의 화학 반응식을 만들어 보자. 우선 반응물은 '수소와 산소'이고, 생성물은 '물'이야. 그럼 왼쪽에 반응물인 수소와 산소를 화학식으로 H_2+O_2라고 표현해 주고, 오른쪽에 생성물인 물을 H_2O라고 써줘.

그다음 반응물과 생성물을 화살표로 연결해. 그러면 $H_2+O_2 \rightarrow H_2O$가 되겠지. 그리고 왼쪽과 오른쪽에 있는 원자를 비교해 보는 거야. 왼쪽엔 O 원자가 2개인데, 오른쪽엔 1개밖에 없지? 이럴 땐 O 수를 맞춰주기 위해 오른쪽 H_2O를 하나 더 늘려줘. 그러면 $H_2+O_2 \rightarrow 2H_2O$가 돼.

그런데 이렇게 되면 오히려 왼쪽에 H가 2개 부족해져. 이때는 다시 왼쪽에 있는 H_2를 2개로 늘려주는 거야. 그러면 $2H_2+O_2 \rightarrow 2H_2O$가 되고, 이제 왼쪽에 있는 원자들과 오른쪽에 있는 원자들이 종류와 수가 같아졌어. 이렇게 화학 반응식을 완성할 수 있어. 이처럼 화학 반응식은 원자들의 종류와 수를 유지하면서 화학 반응이 일어날 때의 반응물과 생성물을 나타내는 식이야. 그렇게 어렵지 않지? 이제 너희도 한번 도전해 봐!

화학 반응식 만드는 법

① 반응물과 생성물을 화학식으로 나타낸다.

예) 수소 : H_2, 산소 : O_2, 물 : H_2O

② 반응물을 왼쪽에, 생성물을 오른쪽에 쓰고 그 사이에 화살표를 넣는다. 반응물이나 생성물이 여러 개인 경우 +로 연결한다.

예) $H_2 + O_2 \rightarrow H_2O$
(반응물) (생성물)

③ 화살표 양쪽에 있는 원자의 종류와 개수가 같도록 화학식 앞에 숫자(계수)를 붙인다. 이때 계수 비는 간단한 정수비가 되어야 하며, 1은 생략한다.(단, 분자의 종류는 변하면 안 되기 때문에 분자 수만 바꿔 줄 수 있다.)

예) $2H_2 + O_2 \rightarrow 2H_2O$

화학 반응식 꾸미기

미정계수법

화학 반응식을 나타내는 일을 '화학 반응식 꾸미기'라고 하는데, 많은 학생이 화학 반응식 꾸미기를 굉장히 어려워해. 반응물과 생성물은 식으로 쉽게 나타낼 수 있지만, 마지막에 계수를 맞추는 방법을 특히 혼란스러워하지. 그럴 때 계수를 쉽게 찾는 방법이 있어. 바로 '미정계수법'이라는 방법이야. 미정계수법은 아직 정해지지 않은 계수들에 a, b, c 등을 이용해 계수를 써준 다음, 왼쪽과 오른쪽의 원자 수가 같다는 것을 이용해서 계수를 찾는 방법이야.

우선 반응물은 왼쪽, 생성물은 오른쪽에 써줘. 그다음 화살표(→)로 연결해. 여기까지는 이전에 설명한 것과 똑같아. 이제 반응물과 생성물의 앞에 있는 계수를 a, b, c로 써주는 거야. 그리고 반응에 있는 모든 원자를 찾아서 아래에 써줘. 반응 전의 원자 수와 반응 후의 원자 수가 같아야 한다는 것을 이용해 방정식을 원자 개수만큼 만들어. 그 뒤 a에는 1을 넣어

화학 반응식 꾸미기

① 반응물과 생성물을 화학식(원소 기호 이용)으로 나타낸다.

② 화학식 앞에 계수를 a, b, c … 등으로 써준다.

③ 반응식에 있는 모든 원자를 찾는다.

④ '반응 전 원자 수 = 반응 후 원자 수'를 이용해 원자의 수만큼 방정식을 만든다.

⑤ a=1로 두고 나머지 계수들을 구한다.

⑥ 구한 계수들이 최소한의 자연수가 되도록 한다.

주는 거야.

그러면 자연스럽게 나머지 계수들도 구할 수 있어. 만약 분수가 나오는 계수가 있다면, 공통분모를 모두 곱해서 계수들을 최소한의 정수 비로 만들어 주면 끝이야. 그렇게 구한 계수들을 이제 처음의 a, b, c로 나타낸 계수에 대입해서 써주면 화학 반응식을 완성할 수 있어. 말로만 설명하니 복잡해 보이지만, 옆에 있는 '쏸쌤의 스케치북 화학'을 참고해 직접 해보길 추천해. 시간은 좀 오래 걸릴지 몰라도 가장 단순하고 정확한 방법이야.

화학 반응식을 꾸밀 때 반응식이 복잡해져서 정확히 구하기가 어려울 때는 이 '미정계수법'을 활용하면 쉽게 화학 반응식을 완성할 수가 있어. 꼭 연습해 봐!

a, b, c를 이용해 화학 반응식 계수 찾기

$$C_3H_8 + O_2 \rightarrow H_2O + CO_2$$

↓ 계수를 a, b, c, d로 넣어준다.

$$aC_3H_8 + bO_2 \rightarrow cH_2O + dCO_2$$

↓ 반응 전후 원자 수는 같다는 원리를 이용해 방정식을 세운다.

반응 전후 원자 수는 같다.

- C : $3a = d$
- H : $8a = 2c$
- O : $2b = c + 2d$

↓ a에 1을 대입한 후 나머지 계수의 값을 찾는다.

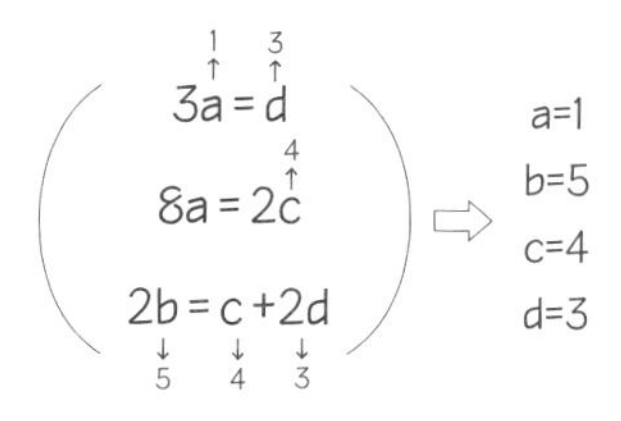

↓ 원래 식에 찾은 계수 값을 넣는다.

1은 생략

$$C_3H_8 + 5O_2 \rightarrow 4H_2O + 3CO_2$$

※ 단, 계수가 분수로 나올 때는 분모를 곱해 최소의 자연수로 만들어 줘야 한다.

화학 반응식과의 숨바꼭질

반응식 속 정보 찾기

화학 반응식은 수많은 정보가 숨어 있는 보물 창고야. 화학 반응식에서 알 수 있는 것들은 무엇일까? 우선 어떤 물질이 반응에 참여했는지 알 수 있어. 또 그 반응을 통해 어떤 물질이 생성되었는지, 즉 생성물을 알 수 있지. 반응물과 생성물 앞에 있는 계수는 그 물질의 분자 수와 같으니 계수는 곧 분자 수와 같아. 따라서 분자가 몇 개 있는지도 알아낼 수 있어.

기체의 경우에는 분자 수의 비가 곧 부피의 비와도 같아져. 아보가드로 법칙에 의하면 모든 기체는 그 종류에 관계없이 같은 압력과 온도에서 같은 부피를 갖거든.

다시 설명하겠지만, 화학에서는 '몰질량'이라는 것이 있어. 이것은 1몰이 가지는 입자의 질량을 말해. 몰질량을 알면 계수의 비를 이용해서 반응에 참여한 물질들의 질량까지도 알아낼 수 있어. 마치 반응식이 우리에게 "나를 찾아봐!" 하고 숨바꼭질을 제안하는 것 같지 않니?

반응식 읽기

계수비 = 몰수비 = 분자수 비= 부피비(기체) ≠ 질량비	
화학 반응식	$2H_2 + O_2 \rightarrow 2H_2O(g)$
물질의 종류	수소 + 산소 → 수증기(물)
물질의 양 (mol)	$2 \times 6.02 \times 10^{23}$ + 6.02×10^{23} → $2 \times 6.02 \times 10^{23}$ H_2 2몰과 O_2 1몰이 반응해 H_2O 2몰이 생성된다. 따라서 몰수비는 2 : 1 : 2이다.
분자 수 (개)	2 + 1 → 2 H_2 분자 2개와 O_2 분자 1개가 반응해 H_2O 분자 2개가 생성된다. 따라서 분자 수의 비는 2 : 1 : 2이다.
기체의 부피 (0℃, 1기압)	22.4L 22.4L + 22.4L → 22.4L 22.4L 2×22.4L=44.8L + 22.4L → 2×22.4L=44.8L H_2 44.8L와 O_2 22.4L가 반응해 H_2O 44.8L가 생성된다. 따라서 부피비는 2 : 1 : 2이다.
질량	2g 2g + 32g → 18g 18g 2×2=4g + 32g → 2×18g=36g H_2 4g과 O_2 32g이 반응해 H_2O 36g이 생성된다.(질량 보존의 법칙)

물질의 총질량이 항상 같은 이유

질량 보존 법칙

화학 반응에서 물질의 반응 전후 질량이 변하지 않는다는 원칙을 질량 보존 법칙이라고 해. 화학 변화에서 질량 보존 법칙이 성립하는 이유는 화학 변화 전후에 물질을 이루는 원자의 조합(배열)은 변하지만, 원자의 종류와 수는 변하지 않기 때문이야.

원자는 매우 작지만 엄연히 질량이 있는 입자야. 이 원자의 종류와 수가 반응 전과 후에 서로 같아야 한다면, 그 총질량 역시 같아야 해. 질량 보존 법칙은 화학 반응뿐만 아니라 물리적인 변화를 비롯한 모든 반응

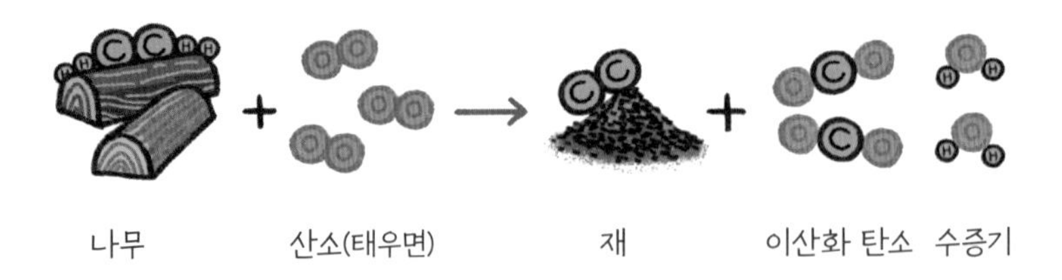

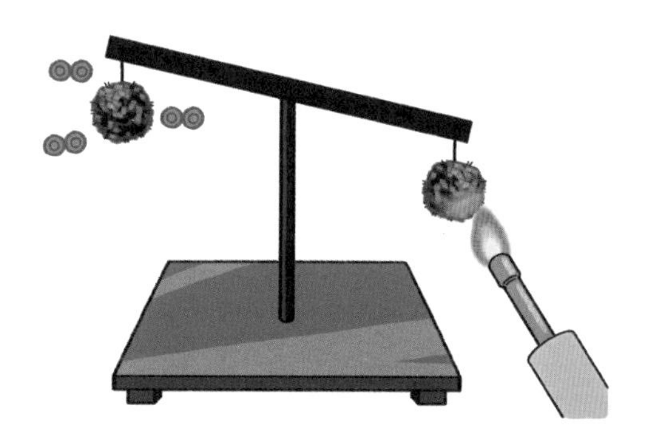

① 질량이 똑같은 강철솜 2개는 평형 상태이다.
② 오른쪽 강철솜을 가열하면 산소가 결합해 산화철이 되면서
③ 산소의 질량만큼 질량이 증가해 오른쪽으로 기울어진다.

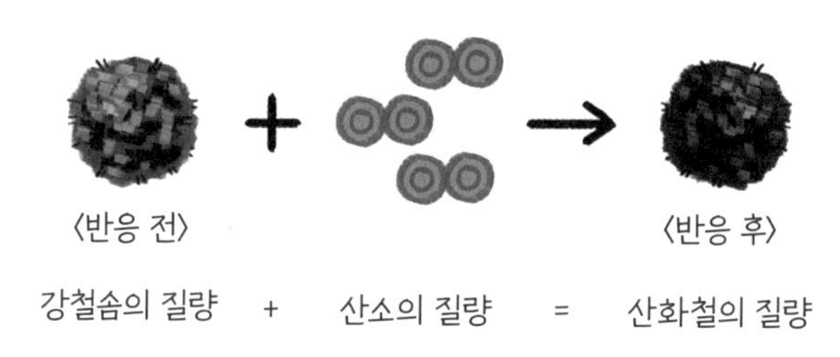

에서도 당연히 성립해야 하는 절대적인 법칙이야.

종이나 나무를 태우는 반응을 보면, 타고 남은 재는 원래 물질인 종이나 나무에 비해 질량이 현저하게 줄어든 것을 볼 수 있어. 그러면 이때는 질량이 보존되지 못한 것일까?

아니야. 연소할 때 이산화 탄소와 수증기가 생성되면서 공기 중으로 날아가기 때문에 질량이 줄어든 것처럼 보이는 거야. 그래서 이런 연소

반응에서 질량이 보존되는 것을 확인하려면 밀폐된 공간에서 실험을 진행해야 해. 밀폐된 공간의 처음 전체 질량을 잰 다음 반응이 끝난 후 전체 질량을 다시 재보는 거지. 그러면 반응 전과 후 질량이 똑같은 것을 확인할 수 있어.

참고로 강철솜을 연소시킬 때는 더 이상한 현상이 나타나. 강철솜을 태우면 오히려 처음보다 질량이 증가하거든. 철은 나무나 종이처럼 재로 변하지 않아. 왜 그럴까?

철을 연소시키는 반응은 철이 산소와 결합하는 과정이야. 철과 산소가 반응해서 산화철이라는 것을 만들고, 산화철에 결합한 산소만큼의 질량이 증가하는 것이지. 반응 전에 있던 철과 산소의 질량을 더하면 반응 후 산화철의 질량과 같기 때문에 이때도 역시 질량이 보존된다고 할 수 있어.

다시 강조하지만, 원자는 사라지거나 새로 생겨나지 않아. 화학 반응에서 총질량은 일정하게 유지된다는 사실을 꼭 기억해!

화합물을 만드는 비밀 레시피

일정 성분비 법칙

화합물이란 원자가 모여 만들어진 물질을 말해. 화합물을 이루는 성분들의 질량비는 항상 일정하다는 원리를 일정 성분비 법칙이라고 불러. 원자는 고유의 질량이 있고, 화합물은 항상 일정한 원자 수의 비율로 만들어지기 때문에 그 화합물을 구성하는 성분의 '질량비'도 항상 일정해.

물(H_2O) 분자로 예를 들어볼게. 수소(H)의 원자 질량을 1, 산소(O)의 원자 질량을 16이라고 해보자. 물 분자는 질량 1인 수소가 2개 있고, 질량 16인 산소는 1개 있으므로 물 분자 1개 속에 있는 수소와 산소의 질량비는 2 : 16, 즉 1:8이야. 물 분자에서 수소와 산소의 질량비는 항상 1:8이 돼.

이와 비슷하게 구리(Cu)와 산소(O)가 반응해서 만들어지는 CuO, 즉 산화구리(Ⅱ) 속 구리와 산소의 질량비는 구리 : 산소 = 4 : 1로 항상 일정해. 산화구리는 구리와 산소가 1 : 1의 비율로 만나지만 구리의 질량이

수소 : 산소
1:8

구리 : 산소
4:1

성분 원소들 사이에는 항상 일정한 질량의 비가 성립한다.

산소의 4배이기 때문이야. 이것은 구리 4g을 완전히 연소시켜 산화구리를 만들려면 산소 1g이 필요하다는 말과 같아.

이렇듯 화학 반응에서 새로운 화합물이 만들어질 때는 항상 일정한 질량비로 반응이 이루어진다는 것을 알 수 있고, 이 원리가 일정 성분비 법칙의 핵심이야.

어차피 기체들은 다 똑같아

아보가드로 법칙

아보가드로 법칙이란 '온도와 압력이 같은 상황에서, 모든 기체는 종류에 관계없이 같은 부피 속에 들어 있는 분자 수가 서로 같다.'라는 법칙이야. 기체의 크기가 다 다를 텐데 어떻게 같은 부피 속에 모두 같은 수의 기체 분자가 있다는 것인지 이상하다는 생각이 들지도 몰라. 같은 상자 속에 들어갈 수 있는 농구공과 야구공의 개수도 다른데 말이야.

기체 입자는 매우 작아서 그 크기가 부피에 영향을 거의 주지 않아. 즉 기체 입자가 커봐야 '그놈이 그놈'이라고 생각하면 이해하기 쉬울 거야. 크기가 큰 기체 분자는 느린 대신에 에너지가 크고, 크기가 작은 분자는 빠른 대신에 에너지가 작아서 '서로 부피에 영향을 주는 효과가 같다.'라고 생각해도 좋아.

표준 상태(0℃, 1기압)일 때 기체 1몰의 양은 기체의 종류와 관계없이 항상 22.4L의 부피를 차지해. 예를 들어 수소, 산소, 수증기가 모두

● 아보가드로 법칙

0℃, 1기압에서

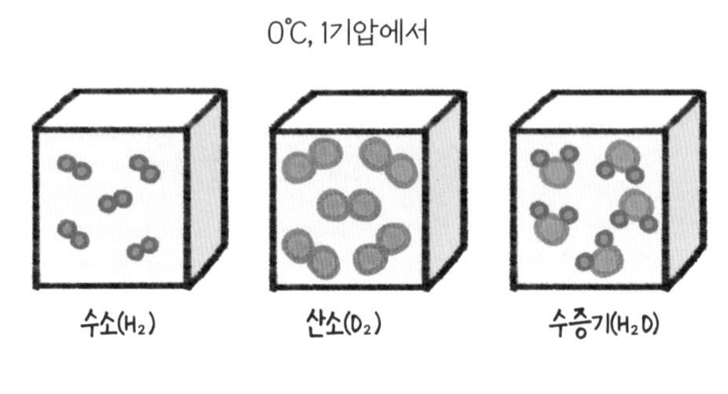

부피는 모두 22.4L

같은 온도, 같은 압력에서 같은 부피 속에 든 기체의 분자 수는 같다.

0℃, 1기압의 상태에 있다고 하자. 이때 모든 기체 1몰이 차지하는 부피는 아보가드로의 법칙에 의해 전부 22.4L로 같아. 반대로 0℃, 1기압에서 22.4L의 부피 속에는 모두 같은 수(1몰)만큼의 기체가 있는 거야.

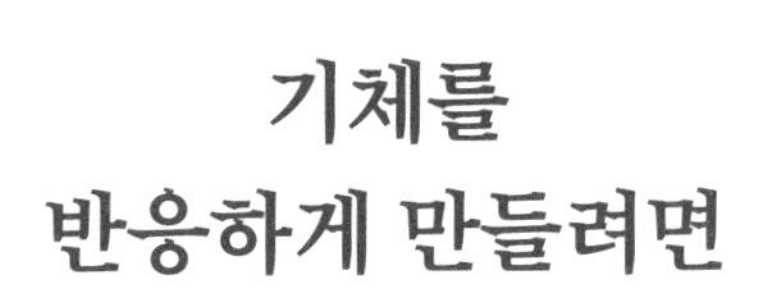

기체를 반응하게 만들려면

기체 반응 법칙

기체 반응 법칙이란 기체가 반응해서 새로운 기체를 생성할 때 각 기체의 부피 사이에는 간단한 정수비가 성립한다는 법칙이야. 아보가드로 법칙에 따르면 당연한 말이라고 할 수 있는데, 기체의 종류와 관계없이 같은 수의 분자는 같은 부피를 갖는다고 했지. 모든 화학 반응은 일정한 분자 수의 비로 반응하기 때문에 그에 비례해서 부피 비도 일정해지는 거야.

예를 들어 수소와 산소가 반응해서 수증기를 만드는 반응을 화학 반응식으로 나타내면 다음과 같아.

$$2H_2 + O_2 \rightarrow 2H_2O$$

이 식에서 계수의 비는 2 : 1 : 2이므로 분자 수의 비도 2 : 1 : 2가 되는 것이지. 분자 수의 비가 2 : 1 : 2이면 아보가드로 법칙에 따라 기체의 부피

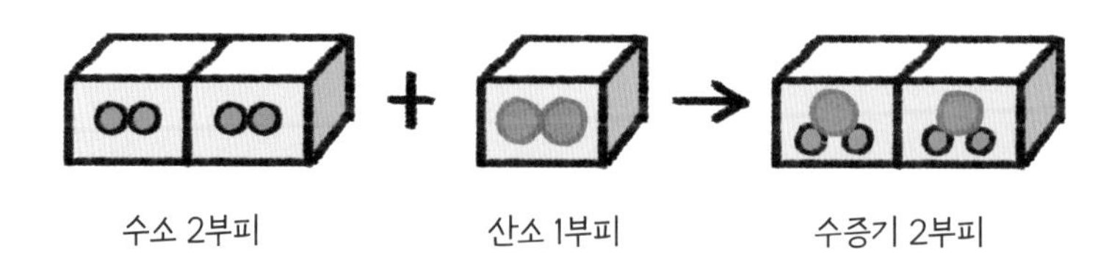

비도 2 : 1 : 2가 돼. 이처럼 기체가 반응해 새로운 기체를 생성하면 기체의 부피 사이에는 간단한 정수비가 성립하고, 이것을 기체 반응 법칙이라고 부르는 거야.

다시 수소와 산소의 예를 들어볼게. 수소 20mL와 산소 10mL가 반응하면 수증기 20mL가 생성돼. 만약 수소 40mL와 산소 10mL가 반응하면 어떨까? 이때는 수소 40mL를 모두 반응시킬 만큼의 산소가 부족해. 산소 10mL가 전부 반응해도 수소 20mL만 반응에 참여할 수 있지. 따라서 수증기는 20mL가 생성되고, 수소 20mL는 그대로 남게 되는 거야.

수소 10mL와 산소 10mL가 반응하면 어떻게 될까? 이때는 수소 10mL가 산소 5mL와 2 : 1의 부피 비로 반응하기 때문에 수증기는 10mL가 생성되고 산소는 5mL가 남게 돼. 반응한 부피는 각각 다르지만, 부피의 비는 항상 2 : 1 : 2로 같다는 것을 알 수 있어. '기체는 항상 일정한 부피 비로 반응한다.'라는 사실을 꼭 기억해 줘!

우리도 질량이 있다고

원자량, 분자량, 화학식량

원자도 입자이므로 질량이 존재하지만, 그 수치가 엄청나게 작아서 실제 g(질량)값을 그대로 쓰기는 너무 불편해. 그래서 원자의 질량을 잴 때는 상대적인 질량인 '원자량'이라는 것을 사용해.

원자량이란 질량수(양성자 수+중성자 수)가 12인 탄소(C) 원자의 질량을 12라고 정한 다음, 다른 원자의 상대적인 질량을 나타낸 값이야. 예를 들어 탄소(C) 원자 1개는 수소(H) 원자 12개의 질량과 같아. 그래서 탄소(C)의 원자량은 12, 수소(H)의 원자량은 1이야. 이와 같은 방법으로 질소(N)의 원자량은 14, 산소(O)의 원자량은 16이야.

분자량이라는 것도 있는데, 분자를 구성하는 모든 원자의 원자량을 합한 값이야. 물(H_2O)은 원자량 1인 수소가 2개, 원자량 16인 산소가 1개로 이루어진 분자이기 때문에 물(H_2O)의 분자량은 18이 되는 것이지.

화학식량은 화학식을 이루는 각 원자의 원자량을 합한 값이야. 예를 들어, 염화 나트륨(NaCl)은 나트륨의 원자량 23과 염소의 원자량 35.5를 합쳐서 58.5라는 화학식량을 갖게 돼.

참고로 분자식은 분자를 이루는 모든 원자의 수를 모두 나타낸 식이고, 화학식은 반복된 원자들의 비율로만 나타낸 식이야. 금속이나 이온결합 물질들은 그 분자 수를 모두 표현해 주는 것이 불가능하기 때문에 비율만을 표시해 '화학식'이라는 것으로 나타내는 것이지.

여러 가지 원소의 원자량

원소	원자량	원소	원자량	원소	원자량
수소(H)	1	산소(O)	16	염소(Cl)	35.5
탄소(C)	12	나트륨(Na)	23	칼륨(K)	39
질소(N)	14	황(S)	32	칼슘(Ca)	40

기준량!

• **원자량 비교**

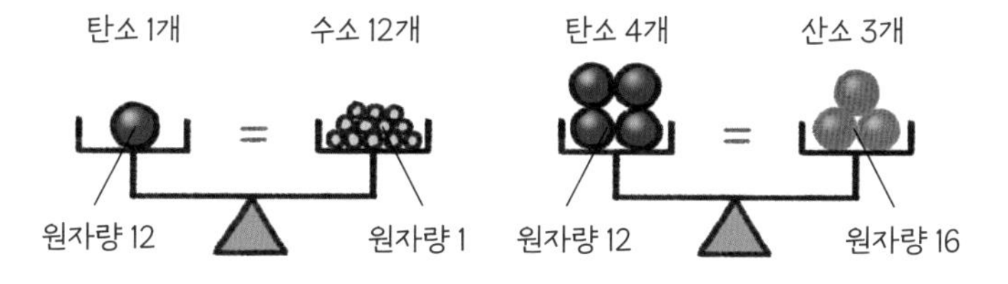

• **분자량 : 분자를 구성하는 원자량의 합**

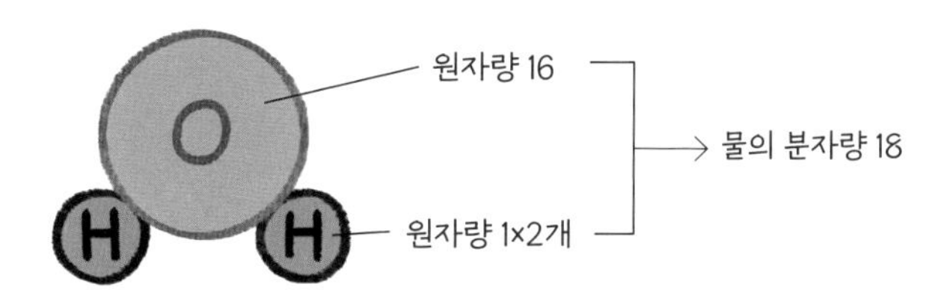

몰이 뭔지 몰라?

몰(mol)

묶음을 세는 단위는 여러 가지가 있어. 연필을 세는 단위인 '자루'는 12개를 의미하고, 생선을 세는 단위인 '손'은 2마리를 뜻해. 마늘을 셀 때 사용하는 '접'이라는 단위는 100개를 의미하고, 요리할 때 사용하는 '술'은 숟가락으로 한 번 떠서 헤아릴 만한 분량을 말해. 이처럼 묶음을 세는 단위는 필요에 따라 계속해서 만들어졌어.

원자의 존재가 발견되고 난 뒤, 1g 정도의 작은 질량 속에도 수많은 원자가 있기 때문에 기존의 단위로는 원자의 개수를 세기가 매우 불편했어. 따라서 원자를 셀 수 있는 묶음의 단위를 만들게 되었는데, 그것이 바로 '몰(mol)'이라는 단위야. 앞서 몇 번 등장한 적이 있지?

1몰은 6.02×10^{23}개를 말하고 이 수를 '아보가드로 수'라고 해. 즉 수소 원자가 1몰 있다는 것은 수소 원자가 6.02×10^{23}개 있다는 것을 뜻해. 물 분자가 1몰 있다는 것 역시 물 분자가 6.02×10^{23}개 있다는 것을 말하

는 거야. 원자 1몰, 분자 1몰, 이온 1몰 모두 각 입자가 6.02×10^{23}개 모여 있는 것을 의미해. 그 숫자가 매우 크고 복잡해 보이지만, 어차피 묶음을 세는 단위이니 이번 기회에 1몰이 몇 개를 의미하는 것인지 외워두면 좋아.

그렇다면 왜 1몰을 이렇게 복잡한 수로 정했을까? 앞서 원자량의 기준을 탄소로 정했다고 했지. 1몰은 원자량이 12인 탄소 원자들의 질량이 12g일 때 그 안에 있는 탄소 원자들의 개수를 의미해. 탄소 12g을 탄소 1개의 질량인 1.9926×10^{-23}g으로 나누면 그 속에 들어있는 탄소 원자들의 개수가 나오겠지. 탄소 원자 12g 속에는 6.02×10^{23}개의 탄소 원자가 들어 있다는 것을 계산을 통해 구할 수 있게 된 거야.

몰(mol)이라는 개념 덕분에 어떤 물질 1몰의 질량(g)을 나타낼 때는 그 물질의 화학식량에 g만 붙여주면 돼. 따라서, 수소 1몰의 질량은 1g, 산소 1몰의 질량은 16g, 물 1몰의 질량은 18g와 같이 표기할 수 있지. 이처럼 어떤 물질 1몰의 질량을 가리켜 '몰질량'이라고 하는 거야.

몰(mol)이란?

① 물질의 종류에 관계없이 물질 1몰에는 그 물질을 구성하는 입자 6.02×10^{23}개가 있다.

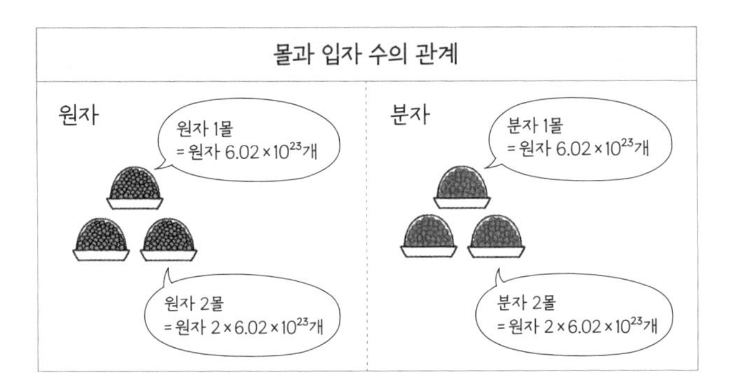

② 물질의 몰 양을 알면 그 물질을 구성하는 입자의 양을 알 수 있다.

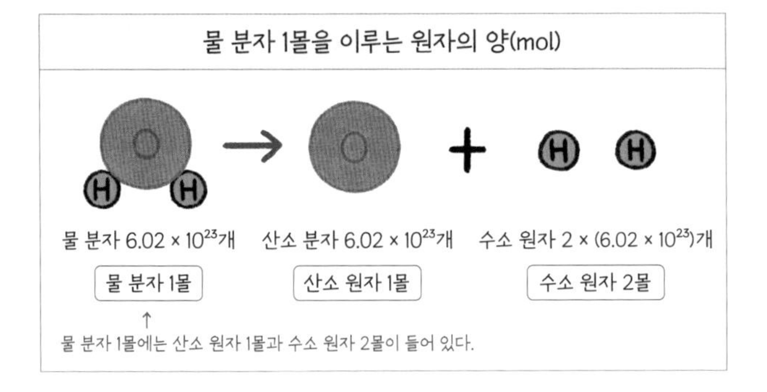

변신의 귀재 몰

몰과 질량, 부피의 관계

몰(mol)을 알면 그 물질의 질량(g)이나 부피(L)를 알 수 있어. 먼저, 몰과 질량의 관계를 알아보자. 앞에서 설명했듯 1몰은 6.02×10^{23}개를 말하고, 1몰의 질량은 그 물질의 원자량, 분자량, 화학식량에 g을 붙여주면 된다는 것도 앞에서 설명했어.

예를 들어 수증기(H_2O)의 분자량은 18이기 때문에 수증기(H_2O) 1몰의 질량은 18g이고, 수산화 나트륨(NaOH)의 화학식량은 원자량을 모두 더한(23+16+1) 40이므로 수산화 나트륨(NaOH) 1몰의 질량은 40g이 되는 거야.

이번에는 몰과 부피의 관계를 알아보자. 기체의 경우 표준 상태(0℃, 1기압)에서 1몰의 부피는 종류와 관계없이 22.4L이므로 수소(H_2), 산소(O_2), 수증기(H_2O)의 1몰의 부피는 표준 상태에서 모두 22.4L야. 즉 어떤 기체가 표준 상태일 때의 몰을 알면 그 기체의 부피도 알 수 있다는 말이야.

물질의 양을 세는 묶음 단위인 몰을 만드니 화학 반응에서 원자나 분자의 수를 g 단위의 질량으로도 변환할 수 있게 되었고, L 단위의 부피로도 변환이 가능해졌어.

몰의 정의와 개념은 화학에서 매우 중요한 의미가 있어. 처음 접하는 사람에게는 생소한 개념이라 다소 어려울 수도 있지만, 이번 기회에 몰의 개념을 확실히 알아둔다면 그만큼 화학의 본질에 한 발짝 가까이 다가설 수 있을 거야.

몰 개념 정리

• **원자량 비교**

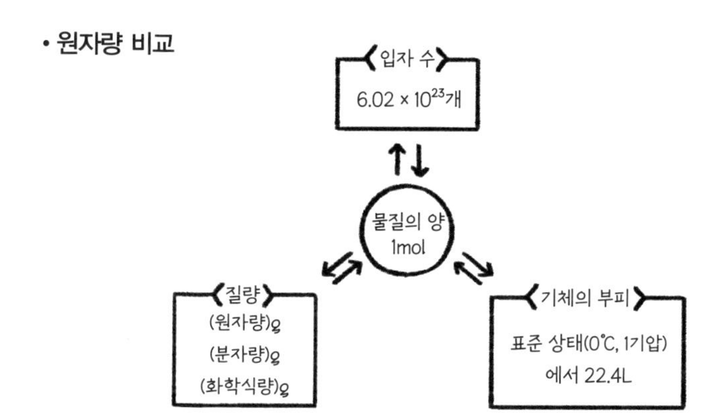

• **수증기(H_2O) 1몰의 질량과 부피**

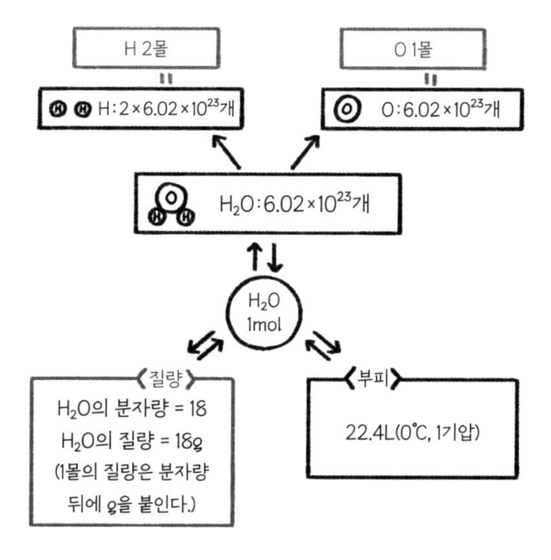

• 주요 원자와 분자의 질량

원자	원자량	몰 수(mol)	원자 수	g 질량
수소(H)	1	1	6.02×10^{23}	1g
탄소(C)	12	1	6.02×10^{23}	12g
질소(N)	14	1	6.02×10^{23}	14g
산소(O)	16	1	6.02×10^{23}	16g

분자	분자량	몰 수(mol)	분자 수	g 질량
물(H_2O)	18	1	6.02×10^{23}	18g
메테인(CH_4)	16	1	6.02×10^{23}	16g
이산화 탄소(CO_2)	44	1	6.02×10^{23}	44g

몰이 알려주는 용액의 농도

몰 농도(M)

용액의 농도를 나타낼 때도 몰을 사용해. 보통 용액의 농도를 나타내는 방법은 '퍼센트 농도'와 '몰 농도' 두 가지가 있어. 퍼센트 농도는 용액 100g에 녹아 있는 용질의 질량(g)을 백분율로 나타낸 것으로, 단위는 %를 사용해. 예를 들어 10% 염화 나트륨(NaCl) 수용액 100g은 염화 나트륨 10g이 녹아 있다는 뜻이지.

퍼센트 농도는 질량 단위를 주로 사용하는 우리가 쉽게 이해할 수 있는 농도 단위이기 때문에 일상에서 널리 쓰이고 있어. 하지만 화학에서는 퍼센트 농도를 잘 사용하지 않아. 화학에서는 용액 속에 있는 입자의 질량보다는 입자의 양에 더 주목하기 때문이야. 그래서 등장한 농도의 단위가 바로 몰 농도(M)야.

몰 농도(M)는 용액 1L 속에 녹아 있는 용질의 양(mol)으로, 단위는 M 또는 mol/L를 사용해. 예를 들어 1M 수산화 나트륨(NaOH) 수용액

● 몰 농도

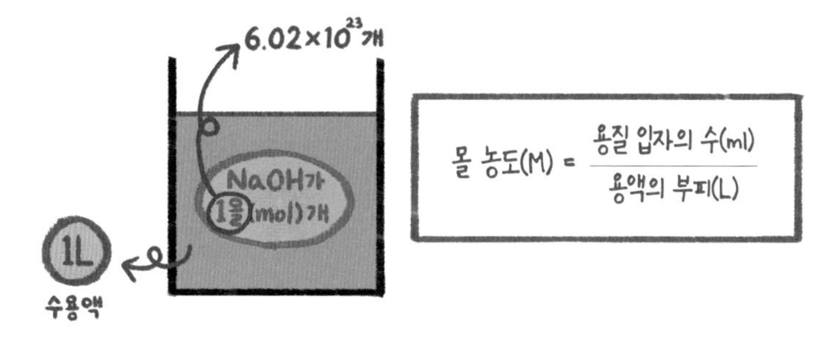

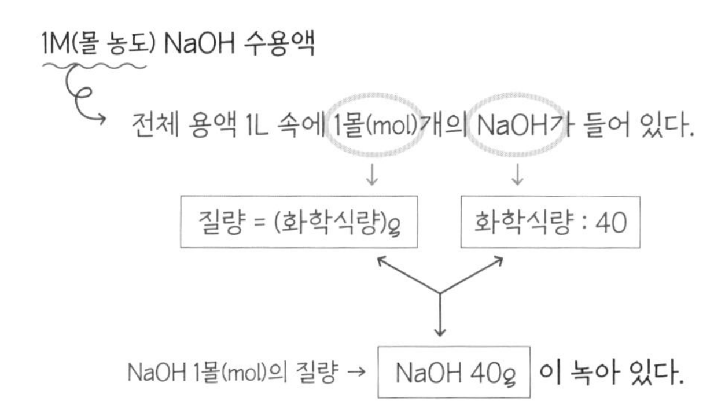

1L에는 NaOH 1몰(mol)이 녹아 있다는 말이야. 즉 6.02×10^{23}개의 NaOH 입자가 녹아 있다는 뜻이지.

몰 농도는 양적 관계를 파악하기에 편리하다는 장점이 있어서 화학 반응을 나타낼 때 주로 사용해. 어떤 용액이든 1M 수용액 속에는 용질 종류와 관계없이 항상 용질 1몰이 녹아 있기 때문에 편하게 쓸 수 있어.

반응물과 생성물의 에너지

엔탈피

엔탈피(H)란 어떤 물질이 특정 온도와 압력에서 가지는 에너지를 말해. 화학 반응에서 반응하는 물질(반응물)과 생성되는 물질(생성물) 역시 엔탈피를 가지고 있어. 반응물과 생성물의 엔탈피 차이에 따라 어떤 반응은 엔탈피가 낮아지기도 하고, 어떤 반응은 엔탈피가 높아지기도 하지.

만약 엔탈피가 처음보다 줄어드는 방향으로 반응했다면 감소한 엔탈피의 차이만큼 열에너지가 방출돼. 이 반응을 발열 반응이라고 해. 높은 곳의 폭포수가 바닥으로 떨어지는 모습을 상상해 봐. 낮은 곳으로 이동한 만큼 부딪칠 때 '좌악' 소리를 내며 물이 튀는 것처럼, 화학 반응이 일어날 때도 높은 에너지에서 낮은 에너지로 이동하면 그 에너지 차이만큼의 열이 방출되는 거야.

반대로 처음보다 엔탈피가 커지는 방향으로 반응이 진행되면, 이번에는 증가하는 엔탈피의 차이만큼 에너지를 외부로부터 흡수해. 이 반응

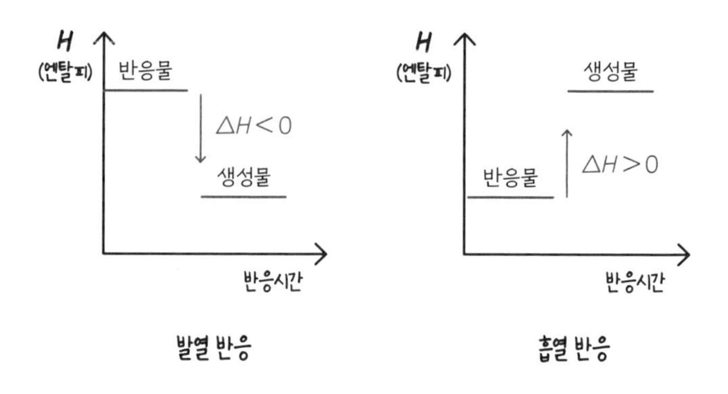

$$\Delta H = H_{(생성물)} - H_{(반응물)}$$

을 **흡열 반응**이라고 해. 어떤 물체를 높은 곳으로 들어 올리기 위해 에너지를 사용해야 하는 것과 비슷하지.

반응 전후 엔탈피의 변화를 반응 엔탈피(ΔH)라고 하고, 반응 엔탈피(ΔH)는 생성물의 엔탈피($H_{(생성물)}$)에서 반응물의 엔탈피($H_{(반응물)}$)를 빼준 값으로 구해.

정리하면 $\Delta H = H_{(생성물)} - H_{(반응물)}$이 돼. 이때 발열 반응은 $\Delta H < 0$이고, 흡열 반응은 $\Delta H > 0$이 된다고 할 수 있지.

결합을 끊으려면 에너지가 필요해

결합 에너지

기체 상태의 수소 분자 모형(ⒽⒽ)을 생각해 보자. 이 수소 분자의 결합을 끊으려면 에너지가 필요하겠지? 이처럼 기체 상태의 분자 1몰을 끊는 데 필요한 에너지를 결합 에너지라고 해. 주의할 부분은 결합을 할 때의 에너지가 아니라 결합을 끊을 때 필요한 에너지라는 점이야. 결합의 세기가 셀수록 결합 에너지는 커지겠지. 반대로 말하면 결합 에너지가 클수록 결합을 끊기 어렵다는 말이야.

수소(ⒽⒽ)와 플루오린(ⒻⒻ) 분자가 반응해서 플루오린화 수소(ⒽⒻ)를 만드는 반응을 생각해 보자. 이 반응을 단계별로 끊어서 생각해 보면, 우선 수소(ⒽⒽ)와 플루오린(ⒻⒻ) 분자를 끊어서 각각 수소 원자(Ⓗ, Ⓗ), 플루오린 원자(Ⓕ, Ⓕ)로 만들어야 해. 그다음 그 원자들이 짝을 바꿔 수소와 플루오린이 하나씩 만나 플루오린화 수소를 2개(ⒽⒻ, ⒽⒻ) 만드는 반응이지.

수소 분자를 끊는 데는 436kJ의 결합 에너지가 필요하고, 플루오린 분자를 끊는 데는 159kJ의 결합 에너지가 필요해. 그리고 두 개의 플루오린화 수소를 끊는 데 필요한 결합 에너지는 2×570kJ이야. 즉 두 개의 플루오린화 수소를 만들 때 2×570kJ의 에너지를 방출하지.

이 과정을 모두 종합해 보자. 수소(HH)와 플루오린(FF) 분자가 두 개의 플루오린화 수소(HF, HF)를 만드는 데 필요한 에너지에서 방출한 에너지를 빼주면 (436+159)−(2×570)=−545가 되므로 이 반응에서의 반응 엔탈피는 −545kJ이 되는 것이지. 이렇게 각 단계의 결합 에너지를 이용하면 전체 반응의 반응 엔탈피(ΔH)를 구할 수 있어.

결합력이 셀수록 결합 에너지가 크다

① 결합 수가 많을수록 커진다. (C–C < C=C < C≡C)

② 극성이 클수록 커진다. (H–Cl < H–F)

*표준 상태에서 원자 사이의 평균 결합 에너지

결합	결합 에너지 (kJ/mol)	결합	결합 에너지 (kJ/mol)	결합	결합 에너지 (kJ/mol)
H-H	436	C-C	348	C-F	514
H-F	570	C=C	605	C-Cl	395
H-Cl	432	C≡C	837	C-Br	318
H-N	391	O-O	139	F-F	159
H-O	436	O=O	498	N≡N	945

반응물의 결합을 끊어서 생성물의 결합을 형성하는 것이므로, 전체 반응의 엔탈피는 반응물의 결합 에너지에서 생성물의 결합 에너지를 뺀 값이야.

반응 엔탈피(ΔH) = 반응물의 결합 에너지 합 – 생성물의 결합 에너지 합

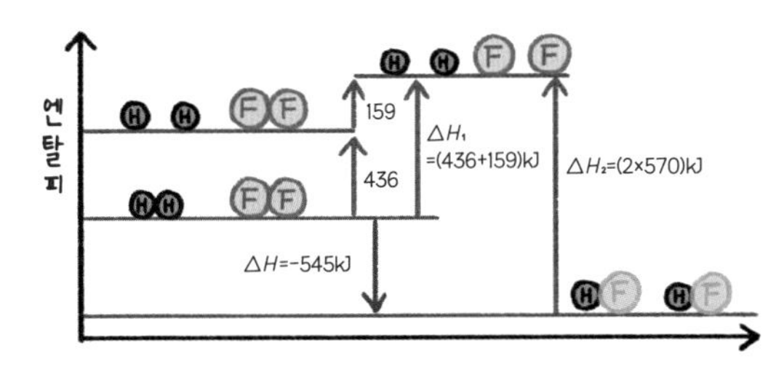

플루오린화 수소(HF) 생성 반응에서 반응 엔탈피와 결합 에너지의 관계

느리게,
빠르게, 매우 빠르게

화학 반응 속도

화학 반응은 빠르게 일어나기도 하고 느리게 일어나기도 해. 불꽃놀이나 앙금 생성 반응, 중화 반응 등은 반응물이 만나자마자 빠르게 생성물로 변하면서 우리 눈으로도 쉽게 화학 반응이 일어나고 있는 것을 알 수 있어. 이런 반응은 속도가 빠른 화학 반응이야. 반면 철이 녹스는 과정이나 과일이 익는 현상 등은 같은 화학 반응이지만 속도가 매우 느리기 때문에 오랜 시간이 흐르면서 서서히 반응이 일어나.

화학 반응에서 반응물이 생성물로 진행되려면 '활성화 에너지'라는 에너지 장벽을 넘어서야만 해. 활성화 에너지는 반응물이 화학 반응을 일으키기 위해 필요한 최소한의 에너지야. 활성화 에너지가 큰 반응은 반응이 일어나기 어렵고, 활성화 에너지가 작은 반응은 상대적으로 반응이 일어나기 쉬워.

그렇다면 화학 반응의 속도를 인위적으로 조절할 수 있을까? 과일을

앙금 생성 반응

불꽃놀이

산·염기 중화 반응

빠른 반응 : 화학 반응이 빠르게 즉시 일어난다.

철이 녹스는 것

과일이 익는 것

석회 동굴의 형성

느린 반응 : 화학 반응이 느리게 천천히 일어난다.

좀 더 빨리 익게 하려면 화학 반응이 일어나는 속도를 빠르게 해줘야겠지. 반대로 원자력 발전의 경우는 핵분열의 속도를 늦춰야 안전하게 에너지를 만들어 낼 수 있으므로 반응 속도를 느리게 해줘야 해.

우리는 화학 반응에 영향을 주는 몇 가지 요인들을 조작해 속도를 조절할 수 있어. 활성화 에너지, 반응물의 농도, 반응물의 표면적, 온도 등이 바로 화학 반응 속도에 영향을 주는 요인들이야. 과연 이것들은 각각 어떤 방식으로 반응 속도에 영향을 줄까?

첫 번째 요소인 활성화 에너지는 앞서 설명한 것처럼 반응이 일어나

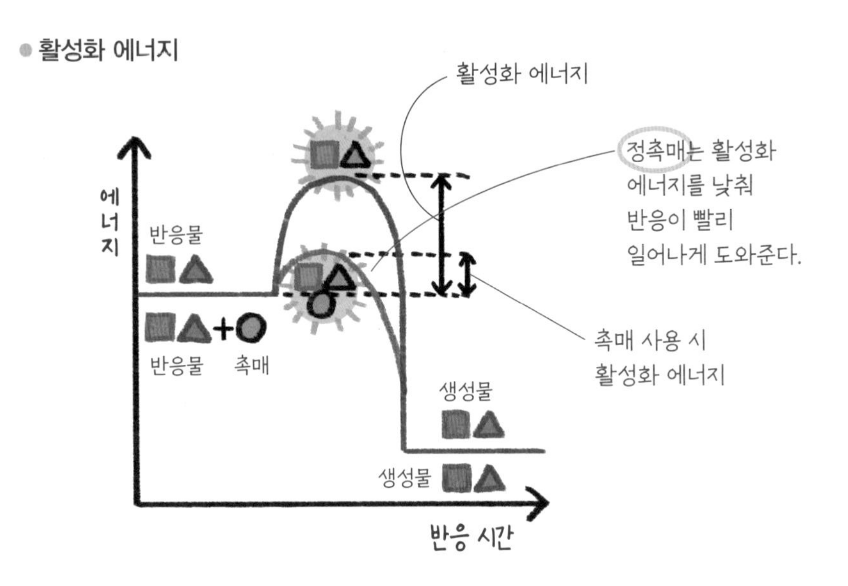

기 위한 최소한의 에너지야. 이 활성화 에너지를 높여주면 반응이 일어나기 어려워져서 속도가 느려지고, 활성화 에너지를 낮춰주면 반응이 쉽게 일어나서 속도가 빨라지지. 이렇게 활성화 에너지를 변화시켜 주는 물질을 촉매라고 하고 활성화 에너지를 낮춰주는 물질을 '정촉매', 높여주는 물질을 '부촉매'라고 해.

촉매는 화학 반응에 직접 참여하지는 않고 활성화 에너지만 변화시켜 주는 특징이 있어. 예를 들어 과산화 수소(H_2O_2)는 놔두면 서서히 분해되어 산소를 발생시키는데, 촉매인 아이오딘화 칼륨(KI)을 아주 적은 양만 넣어줘도 매우 빠르고 격렬하게 반응해. 우리 몸 안에서도 여러 화학 반응이 일어나. 몸 안에 있는 생체 촉매를 효소라고 해. 효소는 우리 몸의 소화를 돕는 등 여러 역할을 하면서 우리가 살아가는 데 많은 도움

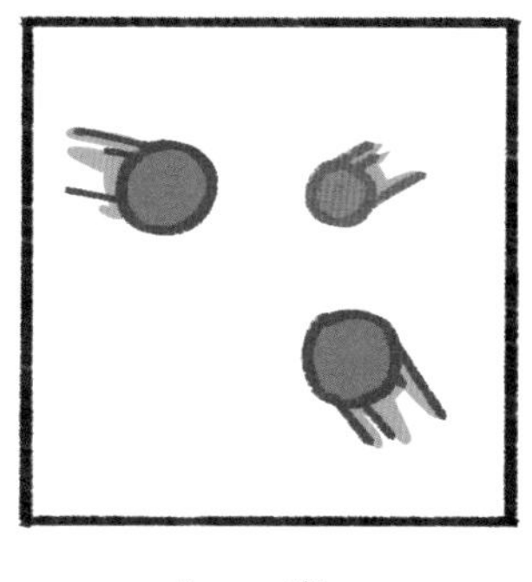

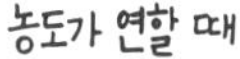

농도가 진할수록 반응할 수 있는
입자 충돌이 많아져 반응 속도가 빨라진다.

을 주고 있어.

두 번째 요소는 반응물의 농도야. 농도가 증가하면 반응 속도가 빨라져. 그 이유는 반응물 입자 사이의 충돌 수가 증가해서 반응할 수 있는 입자 수가 많아지기 때문이야. 마그네슘 리본과 염산을 반응시키면 염산 농도가 진할수록 반응이 더 빠르게 잘 일어나는 현상을 볼 수 있어. 이는 반응할 수 있는 물질이 더 많아지기 때문에 반응 속도가 빨라지는 거야.

세 번째 요소는 반응물의 표면적이야. 표면적이 클수록 반응 속도가 빨라져. 표면적이 증가하면 접촉 면적이 증가해 입자들의 충돌 수가 증가하기 때문에 반응 속도가 빨라지는 거야. 밀가루 반죽에 불을 붙이면 잘 붙지 않지만, 같은 양의 밀가루를 분말로 만들어 불을 붙이면 큰 폭발이 일어날 정도로 반응 속도가 빨라지는 것을 알 수 있어.

분진 가루는 반응할 수 있는 표면적이 넓어
불과 만나면 폭발할 수 있다.

마지막으로 온도 요소가 있어. 온도를 높여주면 입자들의 에너지가 증가하고, 활성화 에너지 이상의 에너지를 갖는 입자 수가 늘어나 반응 속도가 빨라지게 돼. 추운 겨울에 비닐하우스에서 여름 과일을 재배할 수 있는 이유도 비닐하우스 안의 온도가 증가해서 반응 속도를 빠르게 만들었기 때문이야.

• 케미 스토리 •

원자력 발전은 안전할까?

원자력 하면 뭐가 가장 먼저 떠올라? 아마 무서운 핵폭탄을 떠올리는 사람이 많을 거야. 우리가 말하는 핵폭탄은 다른 말로 원자폭탄이라고도 해. 원자폭탄은 농축우라늄-235나 플루토늄-239를 임계질량 이상으로 하고, 핵분열의 연쇄 반응을 고속으로 진행해 막대한 에너지를 한순간에 방출하는 폭탄이야.

우라늄처럼 원자 번호가 큰 원소의 원자핵에 중성자를 충돌시키면 원자핵에 분열 반응이 일어나고 2개 이상의 중성자가 튀어나오게 돼. 이러한 핵분열이 연쇄 반응을 일으켜 확대되면 엄청난 에너지를 방출하는 거야. 이 핵에너지를 군사적 목적에 활용한 것이 원자폭탄이고, 연쇄 반응의 속도를 조절해 에너지원으로 활용한 것을 바로 원자력 발전이라고 해.

혹시 $E=mc^2$이라는 공식을 들어본 적 있니? 이 유명한 공식을 아주 간단히 말하자면 '에너지(E)는 원자핵의 질량(m) 결손만큼 발생하게 된다.'라는 의미야. 우라늄-235 단 1g의 핵분열 발생 에너지는 석탄

3톤, 석유 9드럼의 에너지 발생량과 같아. 정말 어마어마한 에너지라고 할 수 있지.

원자력 발전소에서 이런 원자의 거대한 핵분열이 일어나는 장소를 '원자로'라고 해. 원자로의 핵심 기술은 바로 이 핵분열이 너무 급격하게 일어나지 않도록 하는 거야. 물론 원자로 속에 있는 연료는 원자폭탄에 쓰이는 원자와 비율이 달라. 따라서 원자폭탄처럼 원자력 발전소가 폭발할 걱정은 하지 않아도 돼.

원자로 안에는 원자력 발전의 연료로 쓰이는 우라늄이 있고, 이 우라늄을 중성자와 부딪히게 하면 우라늄 핵이 둘로 나뉘면서 에너지가 발생해. 이때 핵이 나뉘면서 중성자가 또 몇 개 나오는데, 이런 중성자가 옆에 있는 핵들과 충돌하면서 핵분열이 연쇄적으로 일어나게 되지. 이 중성자의 속도가 너무 빠르면 우라늄 핵분열이 잘되지 않기 때문에 중성자의 속도를 늦춰야 하는데, 그 역할을 해주는 것이 바로 감속재라는 물질이야.

보통 감속재로는 물을 쓰고 있어. 이렇게 중성자의 속도를 조절해서 핵분열이 연쇄적으로 일어나면 핵분열 과정에서 어마어마한 열에너지를 얻을 수 있지. 이 열로 물을 끓여 증기를 만들고, 이 증기가 터빈을 돌리면서 발전기를 작동시켜 전기를 만드는 거야.

원자력 발전도 화력 발전과 똑같이 물을 끓여서 그 증기로 전기

• 핵분열의 연쇄 반응

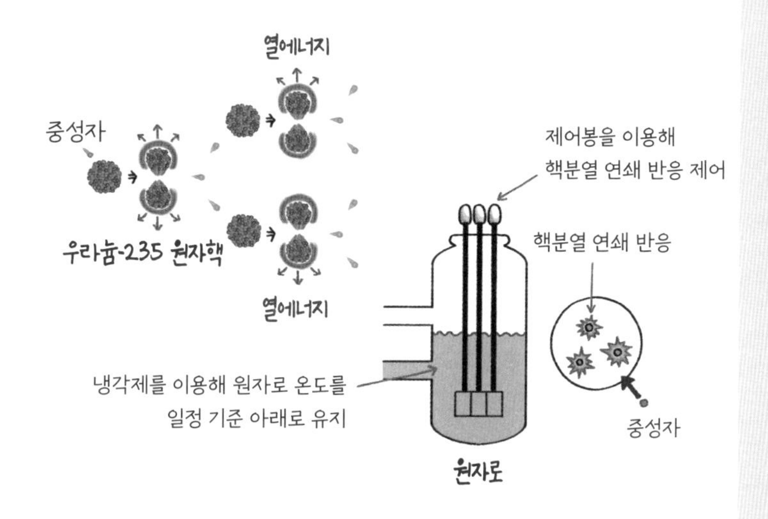

원자력 발전은 핵분열의 반응 속도를 조절해 줘야 한다.

에너지를 만드는 방식이야. 물을 끓여 증기를 만드는 에너지가 석탄 같은 화석 에너지라면 화력 발전이 되는 것이고, 원자의 핵분열 에너지를 이용한 것이라면 원자력 발전이 되는 것이지.

원자력 발전은 원자의 핵분열 반응 속도를 적절히 조절하고 안전하게 관리만 잘하면 전기를 대량 생산할 수 있는 매우 중요한 발전 기술이야. 이처럼 반응 속도는 우리 삶 주변에 여러 가지 형태로 활용되고 있어.

7장

산과 염기, 유기물과 무기물

이상하고 아름다운 원소의 성질

산성과 염기성이란?

산과 염기

우리 주변에 있는 물질을 나누는 기준은 여러 가지가 있어. 그중 가장 대표적인 방법이 '산'과 '염기'로 나누는 거야. 산과 염기라는 말은 학교에서 많이 들어봤겠지만, 정확한 정의는 모르는 사람이 많을 거야. 산과 염기를 정의하는 방법은 여러 가지가 있어. 수용액에서 수소 이온(H^+)을 내어놓으면 산, 수산화 이온(OH^-)을 내어놓으면 염기로 구분하는 것이 가장 간단하고 많이 쓰이는 방법이야.

산은 물에 녹아서 수소 이온을 내놓는 물질을 말해. 흔히 산성이라 불리는 산의 성질은 모두 이 수소 이온 때문에 나타나는 특징이야. 산은 신맛을 내고, 마그네슘이나 철 등의 금속과 반응하면 금속을 녹이고 수소 기체를 발생시켜. 석회석 같은 탄산 칼슘 성분이 산과 반응하면 탄산 칼슘을 녹이고, 이산화 탄소 기체가 발생해. 푸른색 리트머스 종이를 붉게 변화시키기도 해.

산 수용액에는 이온이 있기 때문에 전류도 흐를 수 있지. 탄산음료에 들어 있는 탄산, 합성 고무의 원료인 염산, 비료나 물감의 원료인 질산, 마찬가지로 비료와 배터리의 원료인 황산, 식초에 들어 있는 아세트산, 과일에 많이 함유된 구연산 등이 대표적인 산이라고 할 수 있어.

산 → 수소 이온(H^+) + 음이온

예) 염산(HCl) → 수소 이온(H^+) + 염화 이온(Cl^-)

염기는 물에 녹아서 수산화 이온을 내놓는 물질을 말해. 염기성이라 불리는 모든 염기의 공통적인 성질은 수산화 이온으로 인해 나타나. 염기는 쓴맛이 나고, 단백질을 녹이는 성질이 있어서 손으로 만지면 미끌미끌해. 붉은색 리트머스 종이를 푸르게 변화시키거나 페놀프탈레인 용액을 붉게 변화시키는 것도 염기의 성질이야.

염기 수용액 역시 이온이 들어 있어서 전류가 흐를 수 있어. 비누를 만들 때 사용되는 수산화 나트륨, 전지에 이용되는 수산화 칼륨, 석회수의 주성분인 수산화 칼슘, 제산제의 성분인 수산화 마그네슘, 베이킹파우더의 원료인 탄산 수소 나트륨, 비료를 만들 때 필요한 암모니아 등이 대표적인 염기라고 할 수 있어.

염기 → 양이온 + 수산화 이온(OH^-)

예) 수산화 나트륨($NaOH$)→나트륨 이온(Na^+)+수산화 이온(OH^-)

산과 염기의 여러 가지 정의

앞서 산과 염기를 정의하는 방법이 여러 가지가 있다고 했지? 앞에서 설명했던 수소 이온과 수산화 이온으로 구분하는 방법을 '아레니우스의 정의'라고 해. 다른 정의에는 어떤 것이 있는지도 살펴볼까?

① 아레니우스의 정의

수용액에서 H^+을 내놓는 물질을 산, OH^-을 내놓는 물질을 염기라고 한다.

물에 녹아(수용액) 수소 이온(H^+)을 내놓으면 산

물에 녹아 수산화 이온(OH^-)을 내놓으면 염기

② 브뢴스테드-로리의 정의

다른 물질에 양성자(H^+)를 줄 수 있는 분자나 이온을 산, 다른 물질로부터 양성자(H^+)를 받을 수 있는 분자나 이온을 염기라고 한다.

$$HCl + NH_3 \rightarrow Cl^- + NH_4^+$$

산 염기 염기 산

$$CH_3COOH + H_2O \rightarrow H_3O^+ + CH_3COO^-$$

산 염기 산 염기

③ 루이스의 정의

비공유 전자쌍을 받을 수 있는 분자나 이온을 산, 비공유 전자쌍을 내놓을 수 있는 분자나 이온을 염기라고 한다.

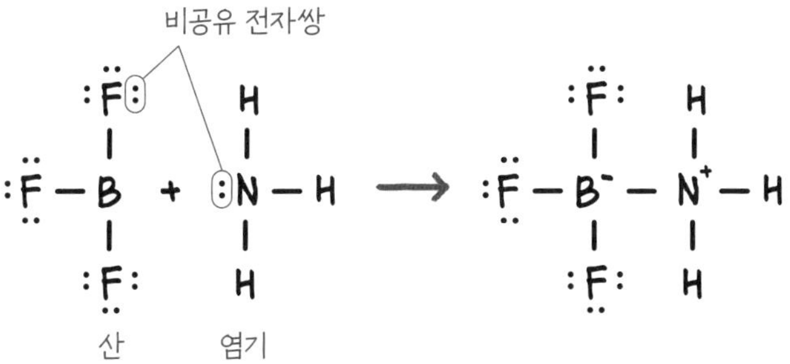

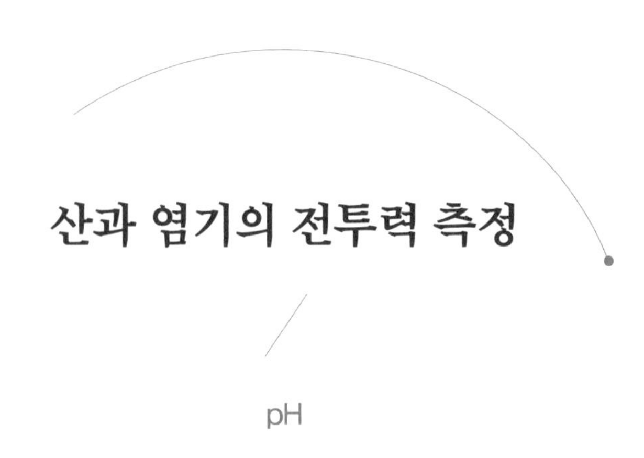

산과 염기의 전투력 측정

pH

pH는 산성의 세기를 나타내는 지표로, 수용액 속 수소 이온의 농도에 따라 정해지는 값이야. pH는 0부터 14까지의 값이 있어, 중성은 중간인 7이고 7보다 작으면 산성, 7보다 크면 염기성이야.

pH는 곧 수소 이온의 농도를 의미하는데, 정확히 말하면 pH=1은 수소 이온 농도 $[H^+]=\frac{1}{10}$인 것을 말해.([]는 농도를 의미해.) pH=2는

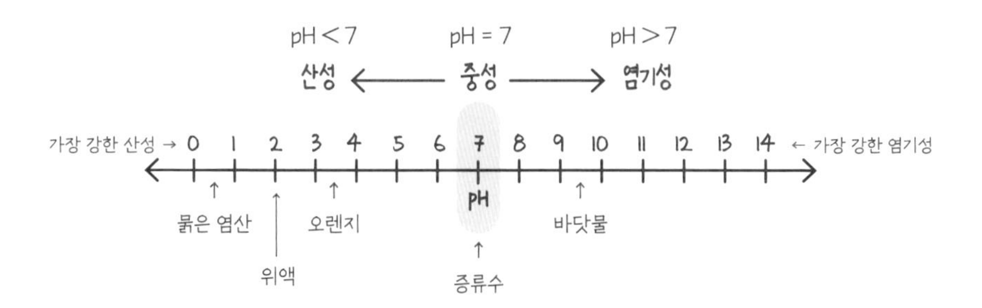

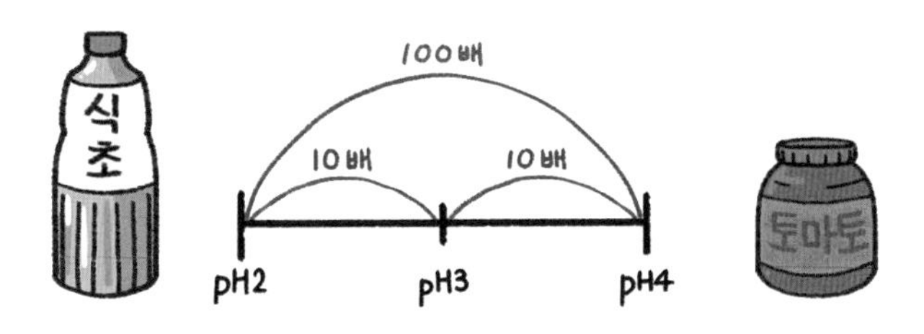

$[H^+]=\frac{1}{10^2}$을 말하는 것이고, pH=7은 $[H^+]=\frac{1}{10^7}$을 말해. 즉 pH가 1씩 작아질수록 수소 이온 농도, 즉 $[H^+]$는 10배씩 증가한다는 말이니 산성이 더 강해진다는 의미고, 반대로 pH가 1씩 커지면 $[H^+]$는 $\frac{1}{10}$배씩 작아지는 것을 의미하니까 산성이 약해진다는 말이지.

pH=7이라면 물속에 있는 수소 이온과 수산화 이온의 농도가 같다는 뜻이야. 물속에서는 물의 자동 이온화라는 현상 때문에 $[H^+]$와 $[OH^-]$를 곱한 값이 $\frac{1}{10^{14}}$이어야 하거든. pH가 7이면 $[H^+]=\frac{1}{10^7}$이니까 서로 곱해서 $\frac{1}{10^{14}}$이 되려면 $[OH^-]=\frac{1}{10^7}$이 되어야 하겠지? 그래서 pH=7은 수소 이온 농도와 수산화 이온 농도가 같은 중성이라고 말하는 거야.

pH를 쉽게 알아내고 싶을 때는 주로 지시약을 이용해. 지시약이란 pH에 따라 색이 변하는 물질을 말해. pH가 바뀌면 지시약의 색이 변하는 시점이 있는데, 그것을 확인해서 액성이 산성인지 염기성인지를 알아내는 방법이야.

솬쌤의 스케치북 화학

액성에 따른 지시약의 색 변화

	리트머스 종이	메틸 오렌지	BTB	페놀프탈레인
산성	붉은색	빨간색	노란색	무색
중성	-	주황색	초록색	무색
염기성	파란색	노란색	파란색	붉은색

지시약 암기법

산과 염기가 싸우면 남는 것

중화 반응

산과 염기가 만나면 어떻게 될까? 산과 염기의 싸움은 능력치가 똑같은 수소 이온(H^+)과 수산화 이온(OH^-)의 대결이야. H^+과 OH^-이 1:1로 만나면 둘은 성질이 사라져 버리면서 물(H_2O)로 바뀌어. 결국 이 소모전은 어느 한쪽이 모두 사라져야 끝이 나. 최후에 살아남는 쪽이 승자가 되는 것이지. 마지막에 수소 이온이 더 많이 남으면 산성, 수산화 이온이 더 많이 남으면 염기성이 되겠지만, '상처뿐인 영광'이라는 말처럼 처음에 가졌던 산성과 염기성의 힘은 많이 약해질 거야.

이처럼 산의 수소 이온과 염기의 수산화 이온이 만나서 중화가 되는 반응을 중화 반응이라고 해. 좀 더 정확히 표현하면, 중화 반응은 산과 염기가 반응해 물과 염이 생성되는 반응이야.

$$\text{산} + \text{염기} \rightarrow \text{물} + \text{염}$$

염산과 수산화 나트륨 수용액의 중화 반응을 예로 들어볼게. 염산의 H^+과 수산화 나트륨의 OH^-이 만나서 물 H_2O를 만들고, 염산의 남은 Cl^-과 수산화 나트륨의 남은 Na^+은 혼합 용액 속에 남아 있어. 이렇게 남은 염화 나트륨 같은 것을 '염'이라고 해. 중화 반응이 일어나면 반드시 물과 염이 만들어지는 거지. 그리고 수소 이온과 수산화 이온이 반응해서 물이 생성될 때 중화열이라고 하는 열이 발생해. 이 때문에 중화 반응이 일어날 때는 온도가 올라가는 특징이 있어.

위산으로 인해 속이 쓰릴 때 먹는 제산제, 벌레에 물렸을 때 산성인 독을 중화하는 암모니아수, 토양이 산성화되어 식물이 잘 자라지 못할 때 땅을 중화하는 석회, 생선회의 비린내를 제거하는 레몬즙 등이 실생활에서 많이 이용되는 중화 반응의 예라고 할 수 있지.

중화 반응

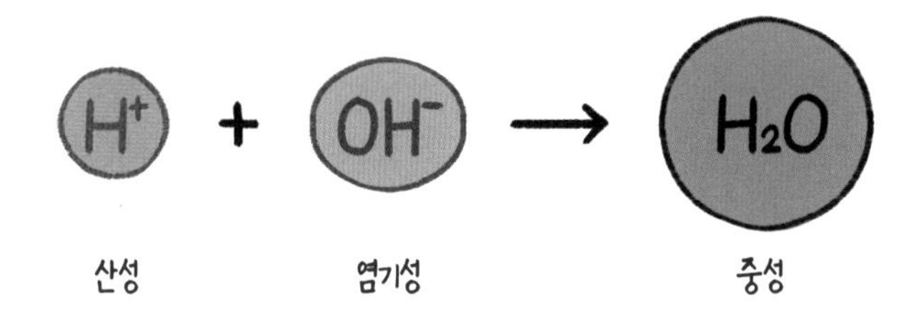

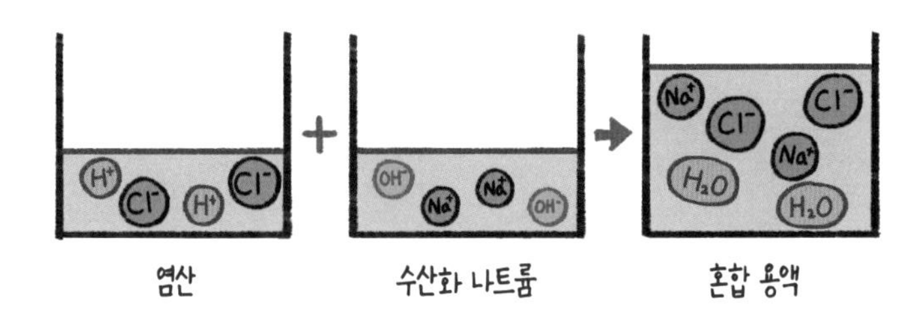

$$HCl \rightarrow H^{+} + Cl^{-}$$

$$NaOH \rightarrow OH^{-} + Na^{+}$$

$$HCl + NaOH \rightarrow H_2O + Na^{+} + Cl^{-}$$

염산	수산화 나트륨	물	염화 나트륨(이온 상태)

생물의 근원은 무엇일까?

유기물

유기물이란 탄소(C)를 기본 골격으로 산소(O), 수소(H), 질소(N)로 구성된 화합물을 뜻해. 특히 탄소로 이루어진 탄소 화합물들을 통칭해서 유기물이라 부르기도 해. 무기물은 유기물 이외의 모든 물질을 말한다고 생각하면 돼. 보통 유기물은 분자가 크고, 무기물은 상대적으로 분자가 작아.

더 단순하게 구분할 수도 있어. 예외는 있지만 대부분의 경우 탄소를 포함하면 유기물, 탄소를 포함하지 않으면 무기물이라고 생각해도 무리는 없을 거야.

탄소는 주기율표에서 14족에 속하는 원소로, 가장 바깥쪽 전자껍질의 전자인 '원자가 전자'를 4개 갖고 있어. 원자가 전자가 4개라는 말은 결합할 수 있는 홀전자가 4개라는 말이고, 이로 인해 탄소는 위, 아래, 옆으로 매우 긴 사슬(…−C−C−C−C−…)을 만들 수 있어.

● 탄소 화합물의 결합 방식

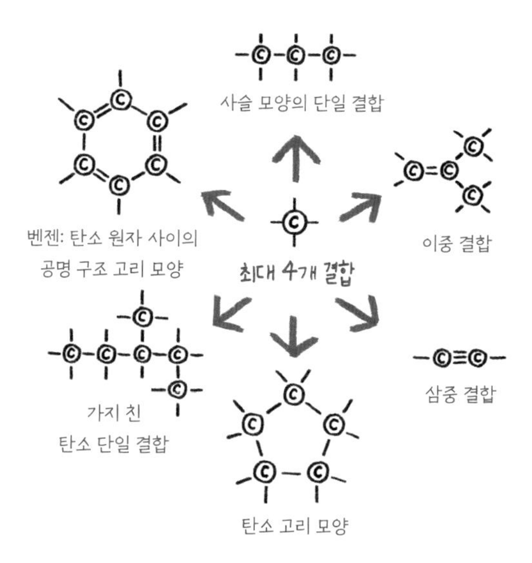

탄소는 단일 결합(두 원자 사이에 1개의 전자쌍을 공유하는 결합), 이중 결합(2개의 전자쌍을 공유하는 결합), 삼중 결합(3개의 전자쌍을 공유하는 결합)과 같은 특별한 공유 결합의 형태를 만들 수도 있기 때문에 세상에는 탄소를 포함하는 유기물의 종류가 엄청나게 많아.

지구에 존재하는 모든 동물과 식물을 구성하는 기본 골격은 바로 유기물이야. 지구의 생물들은 모두 탄소를 기본 골격으로 삼고 세포와 조직, 기관들을 만들지. 따라서 유기물 연구는 생명의 근원에 대한 연구이자 인간과 지구에 필요한 모든 물질에 관한 연구야. 유기물 대부분을 차지하는 탄소 화합물의 특성을 공부하면, 인간을 이해하는 것은 물론 지구에 사는 모든 생명체를 이해하는 데 큰 도움이 될 거야.

탄소의 결합을 더욱 간단하게

골격 구조식

분자의 3차원 구조를 나타낸 식을 구조식이라고 해. 물의 분자식이 H_2O라는 것은 우리 모두 알고 있지만, 분자식만으로는 물이 H−H−O인지 H−O−H인지 결합 순서를 알 수 없기 때문에 구조식이 필요해. 구조식은 결합한 순서에 따라 원자를 이어주는 형태로 표현해. 단일 결합은 결합선 하나로(C−C), 이중 결합은 두 개의 선으로(C=C), 삼중 결합은

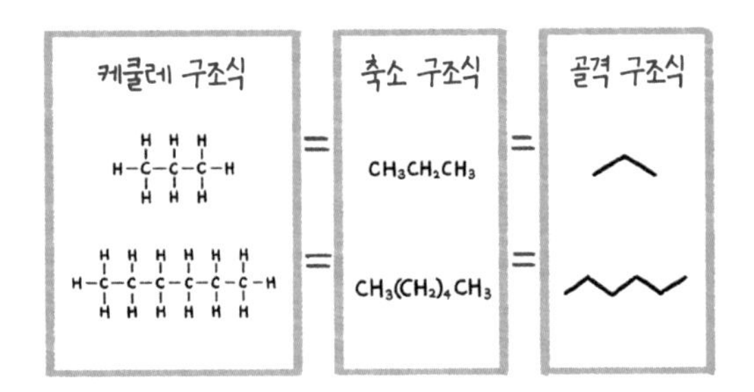

케쿨레 구조식, 축소 구조식, 골격 구조식

골격 구조식의 주의 사항

① 골격 구조식에는 탄소를 나타내지 않는다. 탄소가 그 자리에 있다는 것을 명확하게 알려주고 싶을 때만 기재한다.

② 탄소에 연결된 수소는 표시하지 않는다.

③ 탄소와 수소를 제외한 원자는 명확하게 표시해 준다. 이를테면 산소(O), 질소(N) 등이다.

세 개의 선으로(C≡C) 나타내지.

구조식을 나타내는 방법은 몇 가지가 있는데, 가장 일반적으로 쓰이는 방법은 2차원 평면에 화합물을 구성하고 있는 모든 원자와 결합을 함께 표현하는 '케쿨레 구조식'이야. 두 번째 방법은 케쿨레 구조식이 일일이 모든 원자와 결합들을 표현하는 것이 불편할 때 간단하게 축약해서 표현하는 방법인 '축소 구조식'이야.

축소 구조식은 수평 방향의 C−C 결합은 나타내지 않고 탄소와 탄소를 나란히 나열하면 돼. 축소 구조식은 쓰기 편하긴 하지만 분자의 전체적인 형태를 파악하는 데는 적절하지 않아. 축소 구조식에서도 탄소 원자를 모두 기재하기 때문에 결합만 안 그렸다 뿐이지 귀찮기는 마찬가지야.

따라서 대부분의 경우 축소 구조식보다 훨씬 간단한 '골격 구조식'으로 나타내. 어차피 유기 화합물의 주 골격은 탄소이기 때문에 골격 구조식에서는 탄소(C)를 일일이 기재하지 않고 생략한 뒤 결합 상태만 나타내지. 단, 골격 구조식을 그릴 때는 위의 주의 사항을 참고해 줘.

탄소와 수소만으로 만들어진 물질

탄화수소

유기 화합물 중에서도 탄소(C)와 수소(H)만으로 이루어진 물질을 탄화수소라고 해. 탄화수소는 분자들 사이의 인력이 약하기 때문에 끓는점과 녹는점이 낮아. 그래서 대부분 기체로 존재하거나 기체로 변하기 쉬워. 무극성 물질이기 때문에 극성 물질인 물과 잘 섞이지 않고(소수성), 밀도가 물보다 작아서 물 위에 기름의 형태로 뜨는 성질이 있어. 원유의 성분이 대표적인 탄화수소의 일종이지.

탄화수소를 나누는 방식은 여러 가지가 있지만, 주로 모양(사슬인지 고리인지)과 결합 방식(포화인지 불포화인지)에 따라 나누고 있어. 탄소 원자들이 연속적으로 길게 연결된 골격을 갖는 모양을 사슬 모양이라고 하고, 고리처럼 동그란 형태를 띤 것을 고리 모양이라고 해.

한편 탄소 원자 사이의 결합이 단일 결합으로만 이루어진 것을 포화 탄화수소라고 하는데, 여기서 '포화'라는 말은 '결합할 수 있는 팔(결합

● 탄화수소의 분류

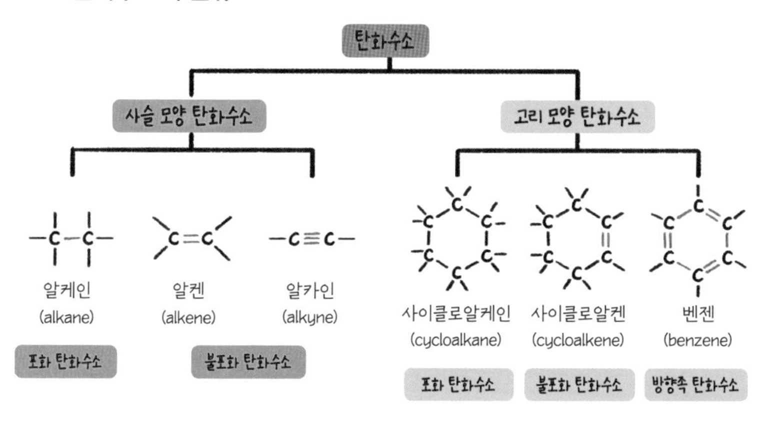

선)이 꽉 차 있다.'라는 의미에서 가져온 말이야. 불포화 탄화수소는 탄소 원자 사이에 이중 결합이나 삼중 결합이 있는 구조를 말해. 이중 결합이나 삼중 결합을 하고 있으면 그 결합선 중 일부가 다른 원자와 결합할 여지가 있다는 뜻이고, 따라서 아직 더 다른 원자로 채울 수 있으니 꽉 차 있지 않다는 의미거든. 그래서 '불포화'라는 이름이 붙었어.

사슬 모양 탄화수소 안에서도 포화·불포화 탄화수소가 존재하고, 고리 모양 탄화수소에도 포화·불포화 탄화수소가 존재해. 고리 중에서도 벤젠(benzene)이라는 독특한 고리를 갖는 물질을 방향족 탄화수소라고 하는데, 방향족(芳香族)이라는 말은 벤젠이 갖는 독특한 향(香)에서 유래한 거야.

탄화수소의 이름 짓기

탄화수소의 이름을 붙일 때 기준이 되는 것은 탄소의 개수야. 탄소의 수에 따라 1개(메타), 2개(에타), 3개(프로파), 4개(뷰타), 5개(펜타), 6개(헥사), 7개(헵타), 8개(옥타), 9개(노나), 10개(데카)라고 해. 그다음 탄소와 탄소의 결합이 단일 결합으로 이루어져 있으면 '–알케인(C–C)', 이중 결합을 포함하면 '–알켄(C=C)', 삼중 결합을 포함하면 '–알카인(C≡C)'의 접미사를 붙여줘. 고리를 포함하는 경우에는 '사이클로–'를 접두사로 붙여줘. 이 규칙을 따르면 기본적인 탄화수소의 이름을 만들 수 있어.

• **탄화수소에 이름 붙이는 법**

탄소 원자 수	알케인 (단일 결합)	알켄 (이중 결합)	알카인 (삼중 결합)	사이클로알케인
1	메테인	-	-	-
2	에테인	에텐(에틸렌)	에타인(아세틸렌)	-
3	프로페인	프로펜(프로필렌)	프로파인(메틸아세틸렌)	사이클로프로페인
4	뷰테인	뷰텐(뷰틸렌)	뷰타인	사이클로뷰테인
5	펜테인	펜텐	펜타인	사이클로펜테인
6	헥세인	헥센	헥사인	사이클로헥세인
7	헵테인	헵텐	헵타인	사이클로헵테인
8	옥테인	옥텐	옥타인	사이클로옥테인
9	노네인	노넨	노나인	사이클로노네인
10	데케인	데켄	데카인	사이클로데케인

유기 화합물의 기본 물질

메테인과 에테인

앞서 설명했듯이 탄소는 결합할 수 있는 팔(결합선)이 4개 있어. 탄소로부터 이 4개의 팔이 하나씩 뻗어 나오려면 기본적으로 서로 109.5도의 각도를 유지하고 있어야 한다는 것도 배웠어. 탄소는 이 정사면체를 기본 구조로 화합물을 만들어.

탄소는 유기 화합물에서 뼈대 역할을 하며 그 중심에 위치하고 있어. 4개의 결합선을 갖는 탄소는 한번에 원자 4개와 결합이 가능해. 그뿐 아니라 탄소끼리는 원하는 만큼 계속해서 연결할 수도 있어. 하나의 팔로 연결될 수도 있고(단일 결합), 두 개, 세 개의 팔까지도 연결될 수 있지.(이중 결합, 삼중 결합)

메테인(CH_4)은 가장 작은 유기 화합물로 모든 유기 화합물의 기초가 되는 분자야. 탄소 1개가 팔 4개를 모두 사용해 정사면체 구조로 각각 수소와 결합하고 있지. 메테인은 천연가스의 주성분으로 가정에서 도시

● 메테인과 에테인의 분자 모형과 구조식

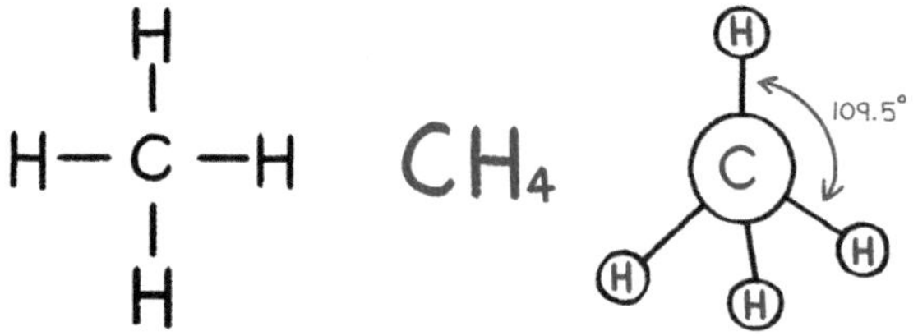

CH_4

메테인(methane)

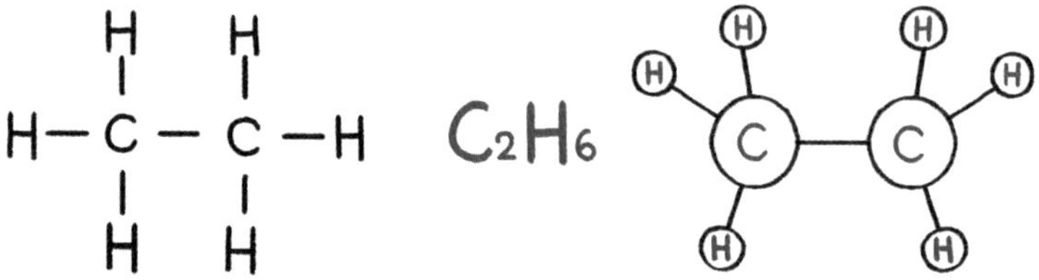

C_2H_6

에테인(ethane)

가스로 사용되고 있어.

에테인(C_2H_6)은 2개의 탄소가 손을 잡고 있는 형태로 단일 결합을 만들고, 각 탄소는 남은 3개의 팔에 수소가 하나씩 총 6개 결합해. 에테인도 입체 구조로 되어 있는데, 각각의 탄소를 중심으로 사면체 두 개가 이어진 구조를 하고 있어.

이중 결합과 삼중 결합의 기본 물질

에틸렌과 아세틸렌

에틸렌(C_2H_4)은 이중 결합(C=C)을 포함한 분자 중에서 가장 작은 분자야. 탄소 2개는 각각 가지고 있는 4개의 팔 중에서 2개씩을 사용해 서로 C=C를 이루고, 나머지 팔 2개는 수소와 결합하고 있어. 그 결과 에틸렌은 6개의 원자가 모두 동일한 평면상에 위치하는 평면 구조를 취하게 돼. 각 원자 사이의 각도는 거의 120도를 이루고 있어.

1923년 처음 개발된 에틸렌은 과거 수술실에서 널리 쓰이던 흡입 마취제였어. 하지만 1950년대 이후부터 에틸렌의 인화성, 가연성, 폭발 위험성으로 인해 다른 마취제로 대체되었지. 자동차 엔진이나 부속 장치가 과열되지 않도록 냉각해 주는 액체인 부동액도 에틸렌으로 만들어.

부동액은 물과 에틸렌글리콜을 섞어 만드는데, 에틸렌글리콜은 에틸렌을 산화시켜서 만든 합성 물질이야. 가끔 부동액을 음료수로 착각해 마시는 사고가 일어나는데, 에틸렌글리콜이 몸에 흡수되면 심장 발작이나

● 에틸렌의 분자 모형과 구조식

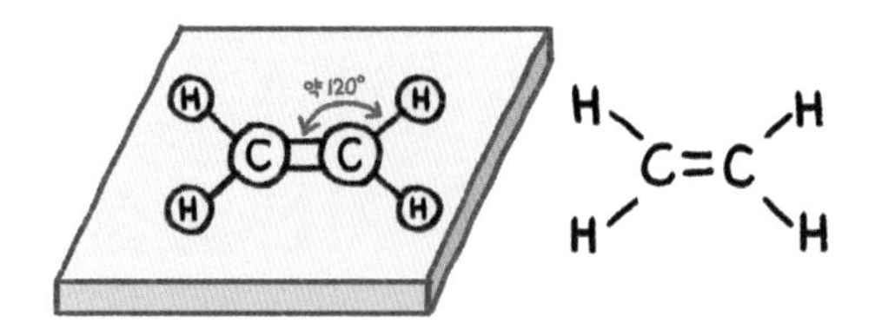

● 아세틸렌의 분자 모형과 구조식

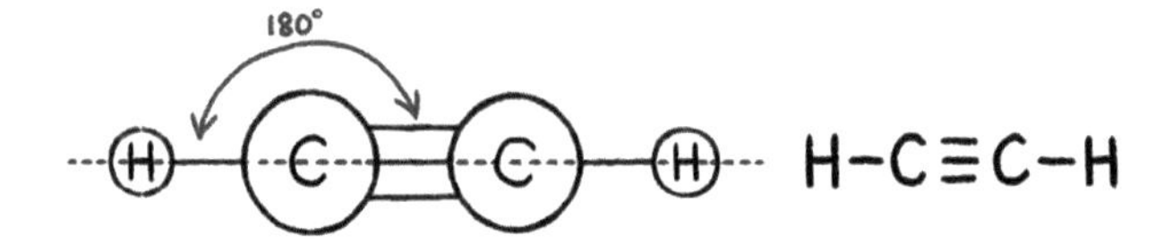

급성 신장 기능 이상으로 목숨을 잃을 수도 있으니 부동액을 음료수로 착각하는 일은 없어야 할 거야.

아세틸렌(C_2H_2)은 삼중 결합(C≡C)을 포함한 분자 중에서 가장 작은 분자야. 2개의 탄소는 팔 4개 중에서 3개씩을 사용해 C≡C를 이루고, 나머지 1개의 팔은 각각 수소와 결합하고 있지. 그래서 아세틸렌은 4개 원자가 H−C−C−H의 직선형 구조를 이루고 있어.

아세틸렌에 포함된 삼중 결합에는 다량의 에너지가 포함되어 있어 반응성이 매우 풍부하기 때문에 연소할 때 많은 열을 내놓게 돼. 따라서 용접처럼 높은 온도가 필요한 작업에 주로 쓰이지. 하지만 그만큼 가연성이 매우 크고 폭발성이 있기 때문에 조심해서 다뤄야 해.

탄소 화합물은 무기 수집가

작용기

게임 속 캐릭터는 선택하는 무기에 따라서 사용할 수 있는 기술들이 달라져. 검을 들고 상대를 벨 수도 있고, 창을 사용한다면 찌르는 데 유리할 거야. 활을 들면 멀리 있는 적을 쏴서 맞히기 편하겠지. 유기 화합물도 이와 마찬가지로 제각각 본인이 가진 무기가 있어. 그 무기가 무엇인지에 따라 특정 반응을 우선적으로 하기도 하고, 성질이 달라지기도 해. 이때 탄소 화합물이 가진 고유의 무기를 '작용기'라고 불러.

유기 화합물의 종류는 어마어마하게 많지만, 작용기를 기준으로 나누면 몇 가지 정도로 구분이 가능해져. 게임을 하는 유저는 엄청나게 많지만 전사, 마법사, 궁수 같은 직업으로 크게 구분할 수 있는 것과 마찬가지야. 이 작용기는 주로 탄소와 수소로 이루어진 뼈대인 '알킬기' 끝에 연결되어 있어.(참고로 알킬기는 R로 표현해.) 바로 이 작용기의 종류와 이름을 알아두는 것이 유기화학을 이해하기 위한 첫걸음이야.

작용기의 종류

작용기	이름	유도체의 일반식과 이름	화합물의 예
$-OH$	하이드록시기	R-OH(알코올)	CH_3OH(메탄올) C_2H_5OH(에탄올)
$-\overset{\overset{O}{\|}}{C}-H$	포밀기	R-CHO(알데하이드)	HCHO(폼알데하이드) CH_3CHO(아세트알데하이드)
$-\overset{\overset{O}{\|}}{C}-OH$	카복실기	R-COOH(카복실산)	HCOOH(폼산) CH_3COOH(아세트산)
$-\underset{\underset{O}{\|}}{C}-$	카보닐기	R-CO-R(케톤)	CH_3COCH_3(아세톤) $CH_3COCH_2CH_3$(에틸메틸케톤)
$-\overset{\overset{O}{\|}}{C}-$	에테르기	R-O-R(에테르)	CH_3OCH_3(다이메틸에테르) $C_2H_5OC_2H_5$(다이에틸에테르)
$-\overset{\overset{O}{\|}}{C}-O-$	에스터기	R-COO-R(에스터)	$HCOOCH_3$(폼산메틸) CH_3COOCH_3(아세트산에틸)
$-NH_2$	아미노기	$R-NH_2$(아민)	CH_3NH_2(메틸아민) ⌬$-NH_2$(아닐린)

하이드록시기가 결합하면?

알코올

앞서 소개한 작용기 중 하이드록시기(-OH)가 탄소 원자에 결합한 유기 화합물을 알코올이라고 해. 하이드록시기가 붙어 있는 화합물(알코올)은 접미사 '-올(ol)'을 붙여서 읽어.

알코올은 탄소 원자에 결합하는 하이드록시기의 숫자에 따라 1가, 2가, 3가 알코올 등으로 분류돼. 대표적인 1가 알코올은 메탄올, 에탄올 등이 있고, 2가 알코올에는 에틸렌글리콜 등이 있어. 또는 하이드록시기와 결합하고 있는 탄소 원자에 결합되는 알킬기의 수에 따라 0차, 1차, 2차, 3차 알코올로 분류하기도 해.

알코올은 알칼리 금속(Li, Na, K 등)과 반응해서 수소 기체를 발생시키고, -OH가 있어서 극성을 띠기 때문에 물에 잘 녹는 친수성 물질이야. 물과 마찬가지로 알코올도 강한 수소 결합을 하고 있기 때문에 끓는점이 높은 특징이 있어.

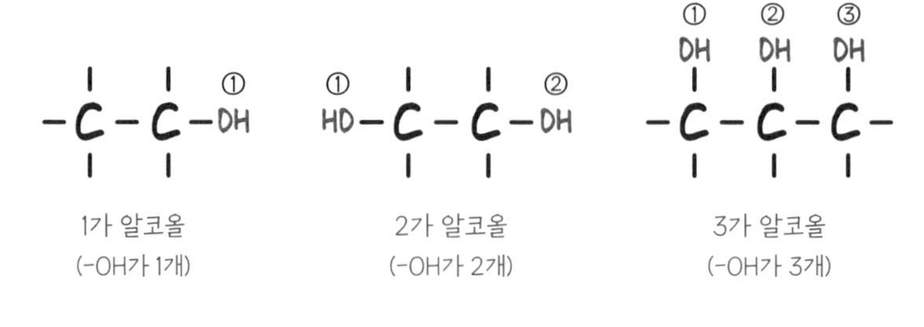

1가, 2가, 3가 알코올

①
CH_3-CH_2-OH

① CH_3
$H-C-OH$
② CH_3

① CH_3
③ CH_3-C-OH
② CH_3

1차 알코올
(알킬기 1개)

2차 알코올
(알킬기 2개)

3차 알코올
(알킬기 3개)

1차, 2차, 3차 알코올

가장 널리 사용되는 알코올은 에탄올이야. 에탄올은 발효 또는 증류된 술의 형태로 수천 년간 사람들이 만들고 소비해 왔어. 끓는점이 약 78℃인 가연성의 투명한 액체로, 주로 산업용 용매나 화학 산업의 원료 등으로 쓰여.

메탄올은 가장 단순한 구조를 지닌 알코올이야. 에탄올과 냄새와 성질이 비슷한 투명한 액체로, 끓는점은 약 65℃야. 에탄올과 달리 메탄올은 매우 독성이 강해. 10mL의 소량으로도 시신경이 파괴되어 실명할 수

에탄올과 메탄올

	에탄올(C_2H_5OH)	메탄올(CH_3OH)
용도	- 술의 원료 - 식용·소독용·공업용 화합물	- 공업용 화합물 제조
특징	- 체내 흡수 시 독성이 적은 아세트알데하이드로 변화 - 중추신경 억제, 흥분, 중독 등 부작용이 나타남	- 체내에 흡수되면 맹독 물질인 폼알데하이드로 변화 - 실명, 중추신경 손상 및 사망에 이를 수 있음
분자 구조	H-C(H)(H)-C(H)(H)-OH	H-C(H)(H)-OH

있으며, 30mL로도 사망할 수 있는 위험한 물질이야. 이 밖에도 알코올은 알코올성 음료, 부동액, 의료용 소독제, 연료, 약품이나 향수 등에 널리 쓰이고 있어.

카보닐기와 하이드록시기가 만나면?

카복실산

'카복실산'은 작용기의 한 종류인 '카복실기(−COOH)'를 갖는 화합물을 말해. 대표적인 카복실산으로는 아세트산이나 개미산(폼산), 구연산, 지방산, 아미노산, 벤조산 등이 있어. 카복실산의 이름은 이름 끝이 '−산'으로 끝나는 게 특징이야. 카복실산은 일반적으로 물에 녹아 수소 이온(H^+)을 내어놓기 때문에 산성 물질이야. 앞에서 배운 것처럼 산은 신맛을 내고 금속이나 탄산 칼슘과 반응해서 이들을 녹이는 특성이 있지.

카복실산의 산도는 pH로 나타내. pH가 7이면 중성이고, 7보다 작으면 산성, 7보다 크면 염기성을 나타낸다고 했어. 카복실산은 물에 녹아서 −COOH의 작용기에 붙어 있는 H가 이온화되기 때문에 산의 특성을 지니긴 하지만, 염산이나 황산에 비하면 분자당 H^+이 나오는 비율이 매우 작아서 약한 산성을 나타내.

카복실산 중에서 아세트산은 식초의 주성분으로 사용되고, 개미산은

● 카복실산의 기본 구조

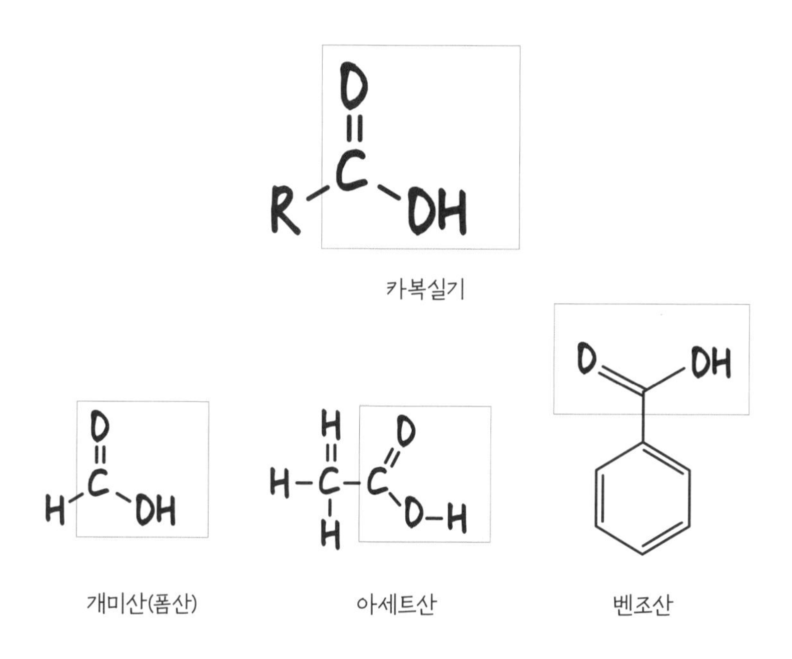

카복실기

개미산(폼산)　　아세트산　　벤조산

폼산이라고도 하며 개미나 벌 등의 체내에 있는 산이야. 개미나 벌에 물렸을 때 통증을 느끼는 이유도 이 개미산 때문이야. 구연산은 귤이나 레몬의 신맛을 내는 성분이고, 지방산은 3대 영양소 중 하나인 지방을 구성하는 물질이지. 아미노산 역시 단백질의 주성분으로 20여 종의 종류가 어떤 순서로 배열되어 있느냐에 따라 단백질의 종류가 달라져. 벤조산은 벤젠 고리를 갖는 산으로 방부제의 일종이야. 간장에 쓰이기도 하고 여러 가지 화학 반응에도 사용되고 있어.

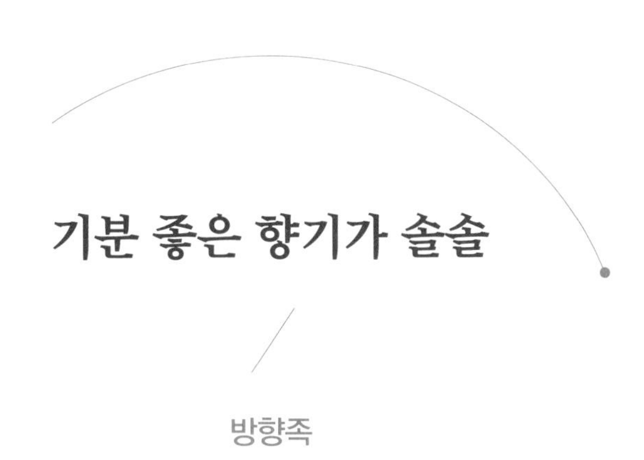

기분 좋은 향기가 솔솔

방향족

'방향족'은 이름에서 알 수 있듯이 향기가 나는 물질이야. 화학에서는 방향족을 빼놓고 이야기할 수 없을 정도로 매우 중요한 물질이지. 그렇다면 어떤 화합물을 방향족이라고 할 수 있을까?

예외는 있지만, 대부분 방향족이라 하면 고리 형태의 콘쥬게이션 화합물을 가지고 있는 물질을 말해. 콘쥬게이션이란 단일 결합과 이중 결합

콘쥬게이션 이중 결합

이중 결합적인 성질

C–C=C–C=C–C=C–C

단일 결합적인 성질

단일 결합과 이중 결합이 차례로 나열되어 있다.

● 벤젠의 구조

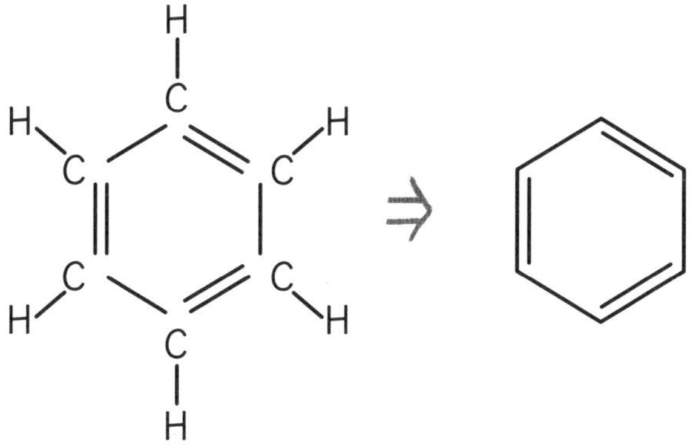

이 차례로 나열된 결합 전체를 의미해. 콘쥬게이션 결합을 하면 이중 결합에서는 단일 결합의 성질을 띠고, 단일 결합에서는 이중 결합의 성질을 띠면서 그 둘의 구별이 모호해져.

결합 길이 역시 단일 결합과 이중 결합의 사이 그 어딘가의 애매한 값을 가져. 이로 인해 콘쥬게이션 화합물은 특수한 성질과 반응성을 갖게 되지. 콘쥬게이션 화합물을 지닌 방향족 화합물은 일반적으로 안정적이고 반응성도 낮지만, 많은 유기 화합물 구조에 부분적으로 포함되어 있는 경우가 많아.

방향족을 대표하는 것은 누가 뭐래도 '벤젠'이야. 벤젠은 육각 고리 형태로, 탄소 6개가 콘쥬게이션 결합을 하고 있어.

사슬처럼 연결된 분자

고분자 플라스틱

목걸이나 팔찌를 보면 같은 고리가 계속해서 이어져 있어. 이처럼 단위가 작은 저분자 탄소 화합물이 고리 형태로 수백, 수천 개 연결되어 사슬처럼 긴 분자를 만든 것을 '고분자'라고 해. 우리 일상에서 많이 볼 수 있는 플라스틱이 대표적인 고분자 물질이야.

처음 플라스틱과 같은 고분자 물질이 발명되었을 때만 해도 가벼우면서 단단한 성질 때문에 엄청난 환영을 받았지만, 지금은 오히려 환경 오염의 주범이 되어버렸지. '적을 알고 나를 알면 백전불패'라는 말이 있듯이, 고분자 화합물을 잘 이해하고 있으면 환경 오염을 줄이는 방안도 생각해 낼 수 있을 거야.

고분자 구조는 수많은 저분자 구조가 결합해서 만들어져. 에틸렌이 무수히 많이 연결되면 폴리에틸렌이 만들어지는 것이 대표적인 예야. 폴리에틸렌은 에틸렌에 있는 이중 결합이 하나의 결합을 풀고 옆의 분자와

● 에틸렌의 중합 반응으로 만들어지는 폴리에틸렌

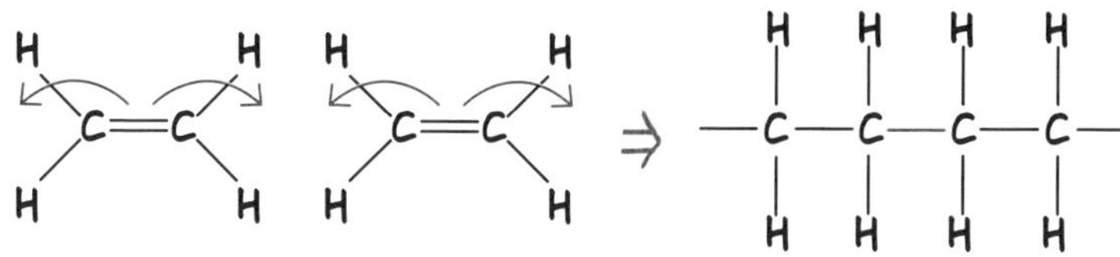

차례로 결합해 이어져서 만들어졌어. 이런 반응을 중합 반응이라고 해.

참고로 '폴리-'라는 말은 '여러 개'라는 뜻을 담고 있는 접두어야. 우리가 잘 아는 폴리에틸렌(PE), 폴리프로필렌(PP), 폴리염화비닐(PVC) 등의 플라스틱은 각각 에틸렌, 프로필렌, 염화비닐 분자를 중합 반응으로 만든 고분자야.

플라스틱은 대부분 가볍고 단단하면서, 금속과는 다르게 녹슬지 않아. 가공이 쉽고 대량 생산도 가능해 저렴하지. 이처럼 많은 장점 덕분에 우리 일상 여러 곳에 이용되고 있어.

하지만 녹슬지 않는다는 말은 산소와 반응하지 않는다는 뜻이고, 그 말은 곧 썩지 않는다는 것과 같아. 플라스틱의 장점은 명확하고 우리 삶에 꼭 필요한 물질이지만, 사용 후 버려지는 대부분의 일회용 플라스틱은 환경 오염의 주범이 되었어. 우리는 일회용 플라스틱 제품들의 사용을 줄이고 재활용률을 높일 필요가 있어. 과학자들도 플라스틱 분해 기술이나 대체 소재를 열심히 연구하고 있어.

DNA도 단백질이라고?

폴리펩타이드

단백질 하면 뭐가 제일 먼저 떠올라? 흔히 '탄단지'라고 부르는 탄수화물, 지방과 함께 우리 몸에 필요한 3대 영양소라는 것이 가장 먼저 떠오를지도 몰라. 그 말대로 단백질은 에너지를 만들기 위한 필수 영양소야. 콩이나 고기에 많이 들어 있고, 소화 효소, 적혈구 속 헤모글로빈, 피부, 근육 등이 단백질로 구성되어 있어. 생명 활동의 중추를 구성하는 물질이 단백질이라 해도 과언이 아니야.

단백질은 천연 고분자 물질이야. 아미노산이라고 하는 저분자 단위체가 결합해서 만들어지는 것이 단백질이지. 아미노산은 탄소를 중심으로 한쪽에는 작용기인 '아미노기($-NH_2$)'가, 다른 한쪽에는 역시 다른 작용기인 '카복실기(−COOH)'가 위치하는 구조야.

한 아미노기 $-NH_2$에 있는 H와 또 다른 아미노산의 카복실기(−COOH)에 있는 OH가 만나면 H_2O가 돼. 이것이 물로 빠져나오면서 그

● 수소 결합으로 만들어지는 2차 구조(α-나선 구조) DNA

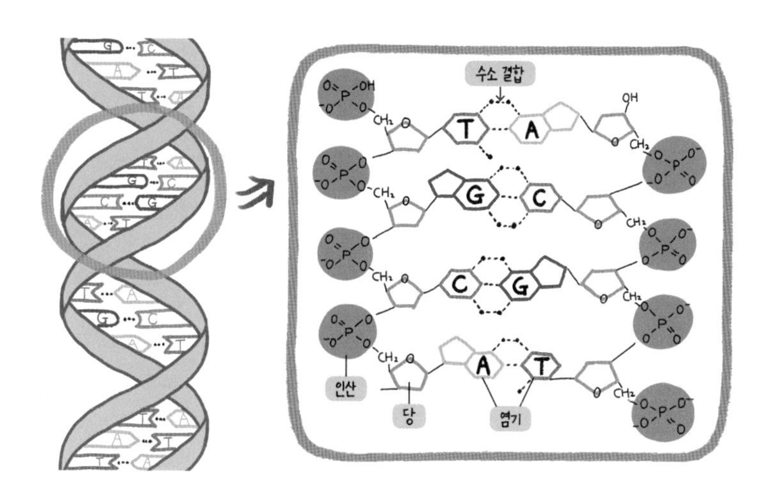

DNA 이중 나선 구조와 수소 결합

부위가 연결되어 '펩타이드'라는 물질이 만들어져. 이 결합을 '펩타이드 결합'이라고 하고, 이런 반응을 탈수 중합 반응이라고 해.

펩타이드에 또 다른 아미노산이 결합하면 계속해서 펩타이드 결합이 이루어지지. 그러면 펩타이드는 '폴리펩타이드'가 되고, 이 폴리펩타이드의 한 종류가 바로 단백질이야. 단백질을 구성하는 단위 분자인 아미노산은 약 20종류가 있는데, 이것들이 어떤 배열 순서로 배열되느냐에 따라 단백질의 종류가 달라져. 20여 종의 아미노산에서 무려 10만 종류의 단백질이 생성되는 이유지.

단백질은 1차, 2차, 고차 구조로 구분해. 1차 구조는 단순히 직선으로 연결된 평면 구조야. 여기서 수소 결합이나 정전기적 인력으로 인해 분자가 구부러지면 입체 구조로 변하는데, 이것을 2차 구조라고 해. 2차 구조는 나선 형태의 α-나선 구조와 병풍처럼 생긴 β-병풍 구조가 있어.

이들이 뭉치면서 복잡해지면 안정화되면서 특정한 기능을 가지게 돼. 이것을 고차 구조라고 해. 염색체 안에 있는 유전 물질인 DNA는 대표적인 2차 구조의 α-나선 구조이고, 우리 혈액 속에서 산소를 운반하는 기능을 하는 적혈구에 들어 있는 헤모글로빈은 고차 구조 단백질이야.

• 케미 스토리 •

미래의 신소재 풀러렌, 탄소 나노 튜브, 그래핀

동소체란 한 종류의 원소로 이루어졌으나 그 구조가 달라 성질이 각각 다른 물질을 말해. 탄소(C)의 대표적인 동소체로는 흑연과 다이아몬드가 잘 알려져 있어. 1980년대에 새로운 탄소의 동소체가 발견되었는데, 이 동소체를 풀러렌과 탄소 나노 튜브라고 해. 풀러렌은 탄소만으로 이루어진 공 모양의 분자야. 풀러렌 중 가장 유명한 것은 탄소 60개로 이루어진 C_{60}으로 작은 축구공처럼 생겼어. 이 분자는 옛날 축구공처럼 오각형과 육각형의 구조로 탄소가 모여 있어.

탄소 나노 튜브는 긴 원통형의 분자로 흑연을 둥글게 말아 원기둥을 이룬 구조인데, 양 끝은 풀러렌처럼 오각형과 육각형이 섞여서 반구의 형태로 닫혀 있어.

풀러렌과 탄소 나노 튜브는 전기가 흐를 수 있어서 초전도체나 유기 반도체, 태양 전지 등의 원료 등으로 연구 중이야. 또한 매우 미세한 구조를 지니고 있어 적은 양으로도 예민한 반응을 하는 특성이 있는데, 이 특성을 이용한 여러 가지 연구가 주목을 받고 있어.

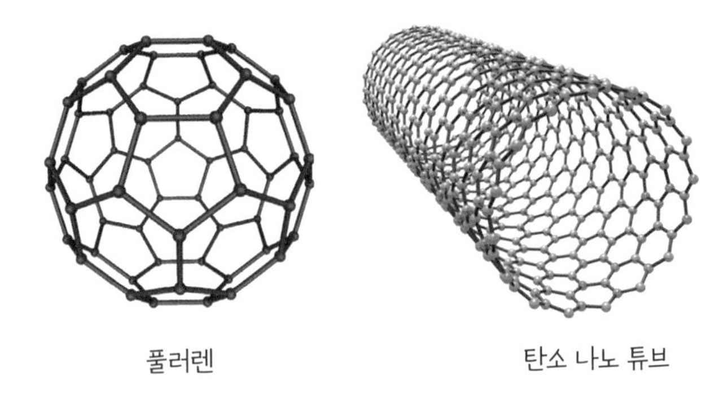

풀러렌　　　　　　　　　　탄소 나노 튜브

• 꿈의 신소재 '그래핀'

연필심에 들어 있는 흑연을 매우 얇게 한 층으로 벗겨내면 꿈의 신소재 '그래핀'이 탄생해. 그래핀은 흑연을 뜻하는 '그래파이트'에 탄소 이중 결합을 가진 분자를 의미하는 접미어 '-ene'가 합쳐진 용어야. 두께는 0.35nm(나노미터, 10억 분의 1m)로 눈에 보이지 않을 정도로 매우 얇지만, 굉장히 단단해서 깨지지 않고 돌돌 말 수 있을 만큼 유연성도 뛰어나. 게다가 전기 전도성도 매우 좋아서 활용도가 높지.

그래핀의 특성을 이용하면 휘어지는 디스플레이나 태양 전지, 초고속 반도체 등 꿈의 신소재를 실제로 우리 삶에 활용할 수 있게 돼. 그래핀은 투명하면서도 구리보다 100배 많은 전류를 실리콘보다 100배 이상 빠르게 흘려보낼 수 있어. 강철보다 튼튼하고 고무처럼 신축성이 있는 기적의 신소재인 셈이지.

이 그래핀은 엉뚱한 곳에서 발견되었어. '세상에서 가장 얇은 막 만들기'에 도전하던 중 흑연에 스카치테이프를 붙였다 떼니 그래핀 한 층이 떨어져 나온 거야. 그래핀의 물리적 성질을 밝힌 두 교수는 2010년 노벨물리학상을 받기도 했어.

그래핀이 나온 지는 10년이 넘었지만, 이를 상용화하는 데 오랜 시간이 걸리고 있어. 심지어 불가능하다는 말까지도 나왔었지. 하지만 언제나 불가능을 가능케 해왔던 게 과학 아니겠어? 지금은 고품질의 그래핀을 저렴한 가격으로 대량 생산하는 기술이 많이 개발되고 있으니, 그래핀을 활용한 여러 가지 신제품들이 곧 우리 곁으로 다가올 날이 멀지 않은 것 같아.

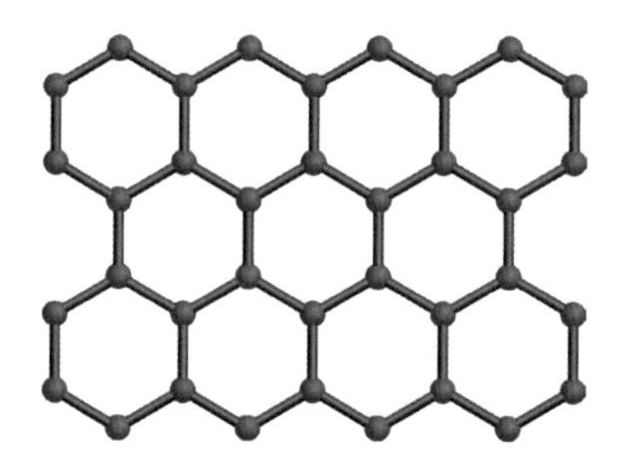

그래핀의 구조

• 부록 •

쏸쌤의 화학 원소 사전

수소(H) **원자 번호: 1번**

우주에서 가장 많은 동시에 가장 가벼운 원소로, 우주 전체 질량의 75%를 구성하고 있어. 수소 원자의 스펙트럼은 우주의 비밀을 푸는 단서가 되기도 했지. 친환경 에너지의 원천이 되는 연료로 쓰이기도 해. 수소는 양도 많고 유용해서 수소를 잘 이용하려는 여러 연구가 계속되고 있어.

헬륨(He) **원자 번호: 2번**

헬륨은 저렴하고, 쉽게 구할 수 있고, 해로운 성질도 없어. 그래서 사람이 직접 마셔 목소리를 변조하는 기체로 유명하지. 하지만 헬륨 가스를 너무 많이 마시면 산소 부족으로 인한 현기증이 생겨. 심하면 뇌가 손상되거나 사망에 이를 수도 있기 때문에 주의해야 해. 주로 헬륨 풍선, 비행선, 액체 헬륨 등에 이용돼.

리튬(Li) **원자 번호: 3번**

리튬은 물에 뜰 정도로 금속 중에서 가장 가벼운 알칼리 금속이야. 리튬의 붉은 불꽃색을 이용해서 불꽃놀이에 쓰이기도 하지. 리튬 화합물은 다양한 용도로 쓰이지만 대부분 휴대폰이나 노트북 등 재충전이 가능한 리튬 이온 전지에 사용되고 있어. 탄산 리튬은 정신질환 관련 약품의 주성분이고, 수산화 리튬은 우주선이나 잠수함 내의 이산화탄소를 흡수해 제거하는 공기세척기로 사용돼.

베릴륨(Be) **원자 번호: 4번**

베릴륨은 특유의 단맛 때문에 처음에는 먹기도 했어. 하지만 곧 심각한 폐질환을 유발한다는 사실을 알게 되었지. 에메랄드와 아쿠아마린 등의 광물에 함유되어 특유의 녹색 빛깔을 내고, 매장량이 적어서 매우 비싸. 베릴륨을 구리, 니켈, 알루미늄 등에 첨가해 합금을 만들면 전기 전도도와 열전도도가 높아지고 내구성이 강해져서 항공기용 엔진, 강화 용수철 등에 널리 사용돼. 내열성이 뛰어나 항공 우주 산업에도 이용되지.

붕소(B) **원자 번호: 5번**

붕소는 금속과 비금속의 성질을 모두 가지고 있는 준금속(반금속)이야. 다이아몬드 다음으로 단단하기도 하지. 붕소 화합물은 특수 유리 및 에나멜 도료의 원료로 이용되고 있어. 붕소 화합물인 탄화 붕소, 질화 붕소는 다이아몬드보다 단단해서 방탄조끼, 군용 차량, 금속 연마제 등으로 널리 쓰이고 있어.

탄소(C) **원자 번호: 6번**

탄소는 우리가 사는 세상과 인체를 구성하는 가장 중요한 원소야. 대기나 땅, 모든 생물체와 유기체, 고분자 등 탄소가 존재하지 않는 곳은 거의 없을 정도로 대단한 존재라고 할 수 있어. 탄소 나노 튜브, 풀러렌, 그래핀 등 신소재로 각광받는 것도 탄소야.

질소(N) **원자 번호: 7번**

질소는 화학적 반응성이 약하지만, 질소를 포함한 화합물은 매우 많아. 질소 화합물 중에는 폭발물, 독극물도 있는 반면 질소 비료 같은 유용한 화합물도 있어. 액체 질소는 화학 반응을 잘 일으키지 않아 각종 산업에서 냉동제로 대량 사용하고 있어.

산소(O) **원자 번호: 8번**

탄소와 함께 지구와 인간을 구성하는 가장 중요한 원소야. 지구에 산소가 5초만 사라져도 자외선이 그대로 들어와 모든 생명체는 바로 큰 화상을 입게 돼. 지구 대기의 21%는 산소로 이루어져 있는데 4%만 떨어져도 호흡이 불가능해져. 반대로 4%가 오르면 유기 물질이 모두 불타오르게 되지. 지구에는 딱 21%로 적정량의 산소가 유지되므로 생명체가 생존할 수 있는 거야.

플루오린(F) **원자 번호: 9번**

흔히 '불소'라고도 불리는 원소인 플루오린은 반응성과 독성이 매우 커. 험프리 데이비와 조제프 루이 게이뤼삭은 플루오린 분리 실험을 하다 플루오린 중독으로 사망하기도 했어. 수소와 결합한 플루오르화 수소(불산)는 공업용으로 널리 사용돼. 플루오린은 충치 예방과 살균에 효과적이어서 치약, 주방 기구 코팅제, 고어텍스에 쓰이고 있어.

네온(Ne) **원자 번호: 10번**

공기 중에 미량 존재하는 무색무취의 기체야. 전형적인 비활성 원소인 네온은 어떤 물질과도 화학 반응을 하지 않고 화합물도 만들지 않아. 이렇게 무해하고 안정적인 원소인 네온이 '네온사인'이라는 화려한 빛깔을 만든다니 신기하지? 유리관에 네온을 채워 넣고 양 끝에 전압을 흘려 빛을 내는 원리를 이용한 거야.

나트륨(Na) **원자 번호: 11번**

나트륨은 소금 등의 화합물로 존재해 왔으며 고대부터 알려져 있던 원소야. 하지만 소금의 주성분인 염화 나트륨(NaCl)과 성질이 비슷하다고 생각하면 큰 오산이야. 나트륨은 매우 무른 금속이지만 물과 반응하면 격렬하게 열을 내. 산소와도 쉽게 반응하기 때문에 석유에 담근 상태로 조심해서 보관해야 해.

마그네슘(Mg) **원자 번호: 12번**

마그네슘은 은백색을 띠고 매우 단단하면서도 가벼운 금속이야. 공기 중에서 가열하면 쉽게 발화되어 눈부신 흰 불꽃으로 타올라. 그래서 불꽃놀이, 조명탄, 사진 플래시 전구에 사용되지. 유기 마그네슘은 동식물 모두가 꼭 필요로 하는 영양소야. 성인 하루 마그네슘 필요량은 하루 300mg 정도인데, 눈 밑이 떨리거나 과도한 스트레스로 근육 떨림이 있다면 마그네슘 부족을 의심해 볼 필요가 있어.

알루미늄(Al) **원자 번호: 13번**

지각(地殼)에서 세 번째로 많은 원소지만, 자연 상태에서 산소나 규소와 결합된 형태로만 존재하는 탓에 그동안 쉽게 발견할 수 없었어. 알루미늄은 비행기를 만드는 주요 재료로 사용되는데 여객기 무게의 약 80%를 차지할 정도야. 녹슬지 않기 때문에 건물에도 많이 쓰여.

규소(Si) **원자 번호: 14번**

흔히 '실리콘'이라고 부르는 규소는 지각에서 산소 다음으로 많은 성분이야. 암석을 구성하는 규산염광물이 바로 규소와 산소의 화합물이지. 유리와 반도체의 주성분이기도 해서, 미국 캘리포니아에 있는 첨단기술 연구단지인 '실리콘 밸리'가 바로 규소의 이름을 따온 거야.

황(S) **원자 번호: 16번**

지독한 냄새가 나는 짙은 노란색 물질이지만 사실 인체의 피부나 머리카락, 손톱, 발톱의 성분인 케라틴을 구성하는 요소야. 살균 효과도 있어서 성냥, 살충제, 페인트 안료, 의약품 등 다양한 곳에 쓰이고 있어.

염소(Cl) **원자 번호: 17번**

염소는 공기보다 무거운 기체로, 자극이 강하며 냄새가 나고 황록색을 띠고 있어. 자연 상태에서는 소금(NaCl)처럼 화합물 상태로 존재해. 염소는 우리 몸에 염분을 조절해 인체 기능을 유지해 주지만, 농도가 높아지면 독성 물질이 되기도 해. 염소는 소금, 살충제, 표백제의 성분이고 수영장이나 수돗물의 소독에도 널리 쓰이고 있어.

아르곤(Ar) **원자 번호: 18번**

무색무취의 비활성 기체로 대기 중에는 세 번째로 많아. 액체 공기를 분별 증류해서 쉽게 분리 추출할 수 있지. 공기보다 무겁고 저렴해서 다양한 용도로 쓰여. 반응성이 낮고 안정적인 기체이기 때문에 초소형 회로, 고온 플라스마 램프의 안정제, 화학 물질의 보호제로 사용돼.

칼륨(K) **원자 번호: 19번**

전기 분해를 통해 얻어낸 최초의 금속 원소로, 은백색을 띤 부드러운 금속이야. 칼륨 역시 같은 알칼리 금속들과 마찬가지로 물과 격렬히 반응하기 때문에 다룰 때 주의해야 해. 우리 몸 안에서 세포의 삼투압을 조절해 주는 역할도 해.

칼슘(Ca) **원자 번호: 20번**

건물의 시멘트와 대리석, 그리고 인체 뼈를 만드는 주성분이야. 지각에 다섯 번째로 많이 매장되어 있으며, 반응성이 높아 대부분 산화물의 형태로 존재하고 있어.

구리(Cu) **원자 번호: 29번**

금속 중에서 은 다음으로 전기 전도성이 높은 원소야. '금, 은, 동'에서 동이 곧 구리야. 비교적 무른 편이라 가공이 편리한 동시에 다른 원소와 결합하면 단단해지는 성질이 있어서 옛날부터 다양한 곳에서 유용하게 쓰이고 있어. 인체에 거의 무해하고 항균 작용이 있어서 팬데믹 사태에 특히 주목받은 원소이기도 해.

아연(Zn) **원자 번호: 30번**

아연은 우리 몸의 필수 원소야. 바다의 우유라고 불리는 생굴에도 아연이 많이 함유되어 있어. 아연은 우리 몸의 다양한 효소가 정상적으로 작동하는 데 꼭 필요한 원소로, 특히 전립선에 많아. 산업에서는 철의 부식을 막는 원소로 널리 이용되고 있지.

브로민(Br) **원자 번호: 35번**

바다에서 추출해 낸 최초의 원소야. 사진을 현상할 때 쓰는 감광제 브로민화 은(실버 브로마이드)은 브로민과 은의 화합물인데 백화점이나 영화관에 붙은 브로마이드가 여기에서 유래한 말이야. 이 밖에도 염색약, 살충제 등에 쓰여.

크립톤(Kr) **원자 번호: 36번**

대기의 0.0001%를 차지하는 원소로 굉장히 희귀해. 크립톤을 마시면 헬륨처럼 목소리가 변해. 핵실험을 할 때 핵분열 과정에서 크립톤과 제논이 다량 생성되기 때문에 크립톤 농도를 측정하면 핵실험 여부를 알 수 있어. 그 외에 백열 전구, 공항 활주로 유도등 등에도 쓰여.

스트론튬(Sr) **원자 번호: 38번**

알칼리 토금속에 속하는 은백색 금속이야. 자연에 존재하는 스트론튬은 크게 위험하지 않고, 오히려 생명체가 살아가는 데 적게나마 필요한 원소야. 뼈 성장을 촉진하고 골밀도를 증가시켜 골다공증 치료제로 쓰이기도 해. 불꽃놀이의 붉은색을 내는 데도 쓰이고, 야광 장난감과 발전기 등에 널리 이용되고 있어.

은(Ag) **원자 번호: 47번**

금속 중에서 열과 전기의 전도성이 가장 높고 매우 유연해. 반응성도 작아서 각종 공업 제품, 화폐나 장식품으로 널리 쓰여.

아이오딘(I) **원자 번호: 53번**

상온에서 고체로 존재하며 열을 가하면 승화하는 성질이 있어. 살균 효과도 있어서 소독약, 살균제, 할로젠 램프, 식용 색소 등에 이용돼. 갑상선 호르몬의 주요 성분이기도 해.

세슘(Cs) **원자 번호: 55번**

수은을 제외하고 가장 낮은 녹는점을 가진 금속이야. 녹는점이 28.5℃로 낮아 상온 부근에서 액체 상태가 되기도 해. 세슘은 전자파가 닿으면 규칙적으로 변화해서 원자시계의 재료로 쓰여. 일본 후쿠시마 원자력 발전소 사고에서 방출되어 유명해진 세슘은 암을 유발하고, 생식 세포에 심각한 이상 증상이 나타나게 하는 물질이야.

바륨(Ba) **원자 번호: 56번**

바륨은 주로 엑스레이 검사에서 조영제로 쓰이는 물질이야. 바륨은 전자를 많이 가지고 있어서 X선을 통과시키지 않아. X선이 투과하지 못하기 때문에 바륨이 들어간 부분에 X선을 쐬면 하얗게 찍히고 X선을 통과한 다른 부분은 검게 찍혀 장기의 모습을 확인할 수 있지. 바륨 화합물 대부분은 독성이 있지만 조영제에 쓰는 황산 바륨에는 독성이 없어.

백금(Pt) **원자 번호: 78번**

은백색의 금속으로 공기 중에서 매우 안정적인 원소야. 물론 귀금속에도 사용되지만 온도계나 치과용 재료 등으로도 많이 쓰이는 물질이야.

수은(Hg) **원자 번호: 80번**

진시황이 불로장생을 꿈꾸며 복용했던 수은(mercury)은 '액체 은'을 의미하는 그리스어 히드라기름(hydrargyrum)에서 파생했어. 태양계의 첫 번째 행성인 수성도 영어 이름이 머큐리(Mercury)로 같은데, 물처럼 흐르는 수은의 모습이 공전 속도가 빠른 수성과 닮아서 지금의 이름이 붙었다고 해. 수은은 무겁고 은백색을 띠며 금, 은, 주석과 같은 금속과 합금을 쉽게 만들 수 있어. 치과에서 아말감으로 쓰이고, 건전지의 수명을 연장하는 데 사용되기도 해. 하지만 인체로 직접 흡수되어 체내에 축적되면 정신 장애를 일으킬 수도 있어.

납(Pb) **원자 번호: 82번**

실온에서 청백색의 광택을 내며 매우 연해서 잘 늘어나고 펴지는 금속이야. 중금속으로 무겁고 독성이 있어서 신중하게 다뤄야 해. 방사선에 대해 반응성이 없는 특성을 이용해 방사선 차폐 재료로 이용되고, 배관, 납축전지, 총알, 납땜 재료, 퓨즈 등 광범위하게 쓰여.

라돈(Rn) **원자 번호: 86번**

방사선을 내는 위험한 원소로 공기보다 약 8배 무거운 무색무취의 기체야. 라돈은 생각보다 우리 주변에 많이 분포해. 주로 토양이나 암석에서 발생하는데, 이 가스가 건물 틈으로 들어오기도 해. 라돈은 폐암을 유발할 수 있어 수시로 환기를 시켜주는 것이 중요해.

이런 화학이라면 포기하지 않을 텐데

주기율표, 밀도, 이온, 화학 반응식이 술술 풀리는 솬쌤의 친절한 화학 수업

1판 1쇄 펴낸 날 2022년 9월 15일
1판 3쇄 펴낸 날 2024년 3월 15일

지은이 김소환
일러스트 은옥

펴낸이 박윤태
펴낸곳 보누스
등록 2001년 8월 17일 제313-2002-179호
주소 서울시 마포구 동교로12안길 31 보누스 4층
전화 02-333-3114
팩스 02-3143-3254
이메일 bonus@bonusbook.co.kr

ISBN 978-89-6494-573-5 03430

• 책값은 뒤표지에 있습니다.